声学仪器及测试技术

雷　烨　王海涛　曾向阳　编著

西北工业大学出版社

西　安

【内容简介】 本书以声学理论、声信号采集原理为基础，详细介绍功率放大器、电荷放大器、声级计、声强仪、阻抗管等各类声学仪器的基本原理、构成及其在实际应用中的操作方法，以及消声室、混响室等声学设施的运用；以声学测量有关的基础知识为核心，对室内声学、环境声学和工程设备等专门领域的声学测量技术给予详细的介绍。

本书的内容侧重于声学测量的常用仪器设备和原理方法，既可以作为高等院校声学、水声工程、噪声控制、建筑声学和环境声学等专业的本科生、研究生教材，也可供声学工作者参考使用。

图书在版编目(CIP)数据

声学仪器及测试技术/雷烨，王海涛，曾向阳编著
.一西安：西北工业大学出版社，2023.5
ISBN 978-7-5612-8617-3

Ⅰ.①声… Ⅱ.①雷… ②王… ③曾… Ⅲ.①声学仪器-测试技术-高等学校-教材 Ⅳ.①TH73

中国国家版本馆CIP数据核字(2023)第052557号

SHENGXUE YIQI JI CESHI JISHU
声学仪器及测试技术
雷烨　王海涛　曾向阳　编著

责任编辑：张　友　　**策划编辑：**雷　鹏
责任校对：雷　鹏　　**装帧设计：**赵　烨
出版发行：西北工业大学出版社
通信地址：西安市友谊西路127号　　邮编：710072
电　　话：(029)88491757，88493844
网　　址：www.nwpup.com
印 刷 者：西安浩轩印务有限公司
开　　本：787 mm×1 092 mm　　1/16
印　　张：7.125
字　　数：187千字
版　　次：2023年5月第1版　　2023年5月第1次印刷
书　　号：ISBN 978-7-5612-8617-3
定　　价：45.00元

如有印装问题请与出版社联系调换

前　言

声学是物理学的一个重要分支，在国防、民用领域均发挥着重要的作用。例如：在国防领域，航空、航天飞行器的声环境预测与控制，对其可靠性有着直接的影响；在民用领域，民机舱室的噪声源识别、音乐厅的声学设计等，对其具有重要的支撑作用。声学相关领域的迅速发展，助推了国防现代化，提升了民众幸福感，对从业人员的综合素质要求也日益提高，这就对高校声学专业的人才培养提出了更高的要求。

针对上述人才培养的需求，声学相关专业的本科生培养课程体系中除了设置与声学基础理论相关的课程之外，还开设了一定比例的实验实践课程来提高学生的创新实践能力。

“声学仪器及测试技术”是西北工业大学的一门实验实践课程，2022 年被评为西北工业大学一流本科课程。本书依托于此课程，以笔者编写的《声学测量实验指导书》和陈克安等编写的《声学测量》(机械工业出版社 2010 年出版)为基础，侧重于介绍室内声学、环境声学和工程设备等专门领域的声学测量技术，重点面向高等院校声学、水声工程、噪声控制、建筑声学和环境声学的本科专业，同时也可作为有关专业的研究生教材和广大声学工作者的参考书。本书共分为六章。第 1 章介绍了与声学测量有关的基础知识，例如声音的产生、声音的基本特性、基本声学参量等。第 2 章介绍了声学测量中常用的仪器和声学设施，包括声发射设备、声信号调理设备、声信号采集设备和混响室、消声室。后面四章分别介绍了室内声场的测量、声学材料(结构)的测量、环境噪声的测量、工业产品噪声的测量。

本书的主要特色表现在以下几点：

(1)系统性与实用性相结合。本书具有一定的系统性，既介绍了与声学测量有关的声学基础知识，又介绍了声学测量中常用仪器设备和设施的构造、基本原理和操作方法，还针对建筑声学、工程声学等领域涉及的不同声学测量专题，以实验示例的方式展开介绍，为使用者提供详细的参考。

(2)理论与实践充分结合。以声学仪器、声学设施及声学测量技术为主线：一方面，通过介绍基本声学理论和声信号采集原理，使学生掌握各类声学仪器和声学设施的基本原理、构成以及它们在实际应用中的操作方法；另一方面，通过介绍声学测量有关的基础理论知识，以声学测量专题的形式，对专门领域的声学测量技术给予详细的介绍。

本书由雷烨、王海涛、曾向阳共同编写，其中雷烨编写了第2章和第4～6章，王海涛编写了第3章，曾向阳编写了第1章。本书的出版要特别感谢西北工业大学航海学院水声工程专业教师，历届本科生、研究生，他们在本书的讲义使用、在本书的编写中提出了大量的宝贵意见，使本书质量大幅度提升。在编写本书的过程中，还参考了大量相关文献，在此对其作者深表谢意。

笔者虽竭尽全力，但书中的疏漏仍在所难免，希望读者不吝指正，并对本书进一步的修改和完善提出宝贵意见。

编著者

2022年11月

目　　录

第 1 章　经典声学发展史及声学基础理论

1.1　从声音的产生、传播和接收看经典声学发展史

1.1.1　声音的产生

最早研究乐器声音起源的人是古希腊哲学家 Pythagoras，他发现当把两根拉直的弦底部扎牢时，高音是从短的那根弦发出的。

法国人 Issac Beeckman 早在 1618 年就发表了他的研究成果，证明了关于基频和谐频之间的关系。但是，彻底解决基频和谐频之间关系的是法国人 Joseph Sauveur，他是第一个使声成为一门学科的人。Joseph Sauveur 意识到两个基频稍有不同的风琴管一起发声时产生节拍的重要性，并且用人耳听起来相差半音的两个风琴管来计算基频。通过实验，他发现当两个风琴管同时发声时，风琴管 1s 有 6 个节拍，他得到了两个数据：90 次/s 和 96 次/s。1700 年，他还利用弦的振动实验计算出了一个给定伸展弦的频率。

经典声学的发展离不开数学理论的突飞猛进。正是无穷级数 Taylor 定理的发明，才第一次给出了振动弦的严格动态解。

法国人 D. Alembert 于 1747 年给出了振动弦的部分差分方程，他是第一个给出现在人们所参考的行波方程的科学家，他还给出了行波在弦两端传播的通解。

18 世纪的数学家中研究弦振动问题的还有 Lagrange。1759 年，在给都灵学院的一篇内容广博的论文中，Lagrange 决定采用一种他认为与众不同的弦问题解法，他假定弦是由数量有限且空间和质量相等的元段连接而成的，这些元段都来自于没有质量的伸展弦。

对管中声传播的研究中最富盛名的是 Euler。当时的 Euler 年仅 20 岁。Euler 对乐器特别感兴趣，他和 Lagrange 做了关于管道中声音幅值问题的研究，1766 年，他们发表了一篇关于流体力学的优秀论文，其中第四部分全是有关管道中的声波。

J. P. Joule 于 1842 年发现了磁致现象，真空管振荡器和放大器时代到来了，使得借鉴这些现象制作精确的各种频率和强度的声音发生和接收设备的想法成为了可能。

由重叠定理的提示，用正弦和余弦的无穷级数来表示振动弦的初始形状，在 18 世纪初人们具有的数学水平下是很困难的，只有到了 1822 年，J. B. J. Fourier 在他的分析理论中，提出了对声学发展具有巨大价值的序列扩展理论，上述问题才变得有可能解决。

声学的后续发展，从很大程度上来说就是电声学的发展，Rayleigh 和他的继承者们对此做出了巨大的贡献。

1.1.2 声音的传播

最早的记录显示，大家都认为声音在空气中的传播是通过空气的运动实现的。Aristotle强调了空气的运动，他认为声音是压缩空气产生的。Aristotle和他的助手还认为空气不是整个沿声音传播方向流动的，这条结论在当时的科学界很难被理解。

1660年，Robert Boyle利用一个很好的气泵做了个试验，得到结论：随着空气的抽出，声音强度明显变小。由此他推断空气是声传播的一种媒介。

确认了空气是声传播的媒介之后，相应的问题产生了：声传播的速度是多少？

1. 空气中的声速

17世纪，法国科学家和哲学家Pierre Gassendi是已知最早进行空气声速测量尝试的人。他假设光速与声速相比实际上是无限大的，在一个无风的日子里，Gassendi测量了从发现枪的闪光到一定距离外听到枪声之间的时间差。虽然他得到的声速数值太高了，大约是478.4m/s，但他正确地得出了声速与频率无关的结论。在17世纪50年代，意大利物理学家Giovanni Alfonso Borelli和Vincenzo Viviani用同样的方法获得了350m/s的更准确的声速值。他们的同胞G. L. Bianconi在1740年证明了空气中的声速随着温度的升高而增加。1738年，巴黎科学院获得了最早的声速精确实验值332m/s，考虑到当时测量工具的简陋性，该数值与目前公认声速的接近程度令人难以置信。1942年获得了声速的最新值331.45m/s，1986年修正为0℃下的331.29m/s。

2. 水中的声速

1826年，在瑞士的日内瓦湖上，物理学家Daniel Colladon和数学家J. C. F. Sturn进行了首次实验以确定水中的声速。在他们的实验中，在第一艘船上，一个人往水里放一口钟，敲钟的同时，点燃船上的火药。在10mi(1mi≈1.61km)远处的第二艘船上，另一个人在水下放一个听声器，当他看到火药发光时记下当时的时间，并测出多长时间后才能听到钟声。Colladon和Sturn使用这种方法相当准确地测定了水中的声速，推动了第二次世界大战后与军事用途有关的水下声学研究。

虽然Colladon首次测量了水中声速，但是他的主要兴趣不是测量水中的声速，而是计算水的可压缩性——一种材料中声速与材料可压缩性之间的理论关系已经建立。Colladon获得在温度为8℃时，声速为1 435m/s；而如今，通过插值得到该温度下可接受的声速为1 439m/s。

3. 固体中的声速

1808年，法国物理学家Baptiste Biot直接测量了1 000m长铁管中的声速，并将其与空气中的声速进行了比较。

1864年，另一位法国科学家Henri Regnault发明了一种自动测量声速的方法，同样是用枪来测量，但不依赖于人的反应时间。Regnault用纸覆盖一个旋转的圆筒，并放置一支笔，在圆筒转动时画一条线。接下来，他将笔和两条电路连接起来，一条放在枪前一定距离以外的地方，另一条靠近圆筒，穿过对声音敏感的膜片。当枪开火时，第一个电路断开，使笔跳到旋转圆筒上的一个新位置。当声音通过圆筒到达膜片时，笔跳回原来的位置。Regnault知道枪离圆筒有多远，圆筒转得有多快，他计算出声音在空气中的传播速度为750mi/h，非常接近今天物理学家所认可的速度。

1.1.3　声音的接收

18 世纪,已经有许多详细的对人耳的解剖研究,人耳的听觉机制已经被研究得非常透彻。然而,尽管做了很多这类工作,但是没能形成一套完整的可接受的听觉理论。

1830 年,法国物理学家 Savart 用风机和旋转齿轮做了一系列研究,确定人耳最低听觉频率为 8Hz,最高听觉频率为 24 000Hz。

在 1843 年,著名的电流定律的创立者 George Simon 提出了一个理论:频率一定的、简单的简谐振动能够产生所有的音乐声调,特殊音质或者音品的现场音乐声是由可公度频率的简单音调叠合而成的。此外,人耳有能力把任何复杂音调分解成一系列简单的谐音,这样就可以依据 Fourier 定理在数学上进行展开。

19 世纪最伟大的贡献者当属 Helmholtz,他给出了人耳机制的详细阐述,即所谓的共鸣理论:耳蜗基膜的各构成部件对传入耳朵的一定频率的声音产生共鸣。Helmholtz 对这种机械共鸣现象产生了巨大的兴趣,并且在研究期间,他发明了一种特殊的声共鸣器,并以他的名字命名。简单来说,这是一个面上有一个小孔的球体。当一个谐波源发出的合适频率的声音传到小孔处时,如果球体的尺寸和小孔都合适的话,声音会由于小孔内声音的强烈振动而被放得非常大。大球体跟低频或者低音调产生共鸣,反之亦然。这种共鸣器在现代声学研究和应用领域被广泛使用。Helmholtz 还推测耳膜就是这样一个不对称的振荡器,并据此预测人类有能力探测到音调之和以及其他不同的音调。这个预测已被证实。

现代建筑声学的定量研究始于美国哈佛大学的物理学家 Sabine,他在 1900 年发现了室内混响时间随着房间体积和内部声吸收材料而变化的规律,这使得应用声学知识指导建筑设计成为可能。

1877 年,Rayleigh 出版的《声的理论》象征着经典声学时代的结束和现代声学时代的到来。他的成果对声学科学,特别是分析方面的发展有着不可估量的影响。

1.2　声学基础理论

1.2.1　波动方程

在声场中,描述声场时间、空间变化规律和相互联系的数学方程即为波动方程,它是各种声学理论研究的基础。为了使研究的问题得到简化,这里仅讨论小振幅声波的情况,相应的波动方程称为线性波动方程。推导该方程的前提条件是:媒质不存在黏滞性,媒质在宏观上是均匀的、静止的,声波在媒质中的传播为绝热过程。

声波的扰动要满足三个基本物理定律:牛顿第二定律、质量守恒定律和物态方程。由此可以得到理想流体媒质中的三个基本方程:运动方程、连续性方程和物态方程。在一维空间(如 x 轴方向),这三个方程分别为

$$\rho \frac{\mathrm{d}v}{\mathrm{d}t} = -\frac{\partial p}{\partial x} \tag{1-1}$$

$$-\frac{\partial(\rho v)}{\partial x} = \frac{\partial \rho}{\partial t} \tag{1-2}$$

$$dP = c^2 d\rho \tag{1-3}$$

以上三式中：p,v,ρ 分别为声场中某一点由于声扰动引起的声压、质点振速和介质密度；P 为总的声压；c 为声波的传播速度。

小振幅声波满足如下条件：①声压远小于媒质中的静态压强；②媒质质点振速远小于声波的传播速度；③质点位移远小于声波波长；④媒质密度增量远小于静态密度。自然界中的绝大多数声波可归为小振幅声波，它是线性声学研究的对象。

在一维空间中，对于小振幅声波，上述三个方程分别可以进一步简化为如下形式：

$$\rho_0 \frac{\partial v}{\partial t} = -\frac{\partial p}{\partial x} \tag{1-4}$$

$$-\rho_0 \frac{\partial v}{\partial x} = \frac{\partial \rho'}{\partial t} \tag{1-5}$$

$$P = c_0^2 \rho' \tag{1-6}$$

式中：ρ_0，c_0 分别为没有声扰动时介质的密度和声波的传播速度。

消去以上三式中的任意两个变量，如质点振速和介质密度变量，剩下的两个式子分别对 x 和 t 求导，整理后可以得到

$$\frac{\partial^2 p}{\partial x^2} = \frac{1}{c_0^2} \frac{\partial^2 p}{\partial t^2} \tag{1-7}$$

这就是一维声场中的波动方程。

在三维空间中，式(1-4)～式(1-6)可以推广表示为如下形式：

$$\rho_0 \frac{\partial \boldsymbol{v}}{\partial t} = -\operatorname{grad} p \tag{1-8}$$

$$-\operatorname{div}(\rho_0 \boldsymbol{v}) = \frac{\partial \rho'}{\partial t} \tag{1-9}$$

$$P = c_0^2 \rho' \tag{1-10}$$

式中：

$$\operatorname{grad} p = \frac{\partial p}{\partial x}\boldsymbol{i} + \frac{\partial p}{\partial y}\boldsymbol{j} + \frac{\partial p}{\partial x}\boldsymbol{k}, \quad \operatorname{div}(\rho_0 \boldsymbol{v}) = \frac{\partial(\rho v_x)}{\partial x} + \frac{\partial(\rho v_y)}{\partial y} + \frac{\partial(\rho v_z)}{\partial z}$$

由此可以导出三维波动方程为

$$\nabla^2 p = \frac{1}{c_0^2} \frac{\partial^2 p}{\partial t^2} \tag{1-11}$$

式中：∇^2 为直角坐标系中的 Laplace 算子，有 $\nabla^2 = \operatorname{div}(\operatorname{grad p}) = \frac{\partial^2}{\partial x^2} + \frac{\partial^2}{\partial y^2} + \frac{\partial^2}{\partial z^2}$。

1.2.2 声波传播规律

1. 声波的吸收、反射与折射

在同一介质中，声波的能量会由于介质的吸收而逐渐衰减。通常利用吸声系数 α 来描述各种材料(结构)的吸声能力，定义为材料(结构)吸收的声能(含透射声能)与入射到材料(结构)声能的比值。吸声系数用公式可以表示为

$$\alpha = \frac{E_a}{E_i} = \frac{E_i - E_r}{E_i} \tag{1-12}$$

式中：E_i，E_a，E_r 分别表示入射声能、被吸收声能和反射声能。

吸声系数不仅与材料的性质有关，还与声波的入射角度、频率有重要的关系。这方面的详细知识可以查阅声学书籍。

空气作为最典型的传声介质，其吸收作用主要取决于空气的相对湿度和声波的频率。在常温下，湿度越大，空气吸声影响反而越小；而声波频率越高，吸收作用越明显。

若设空气中的声强吸收系数为 2ξ，声波初始能量为 W_i，在空气中传播时间 t 后，能量便衰减为 $W_i e^{-2\xi \cdot ct}$。空气对声能的这种吸收作用相当于一个低通滤波器，如图1-1所示。

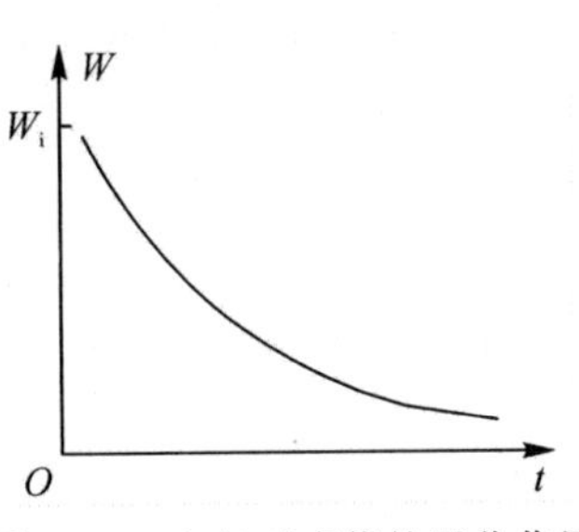

图1-1　空气对声能的吸收作用

在声波传播过程中，还可能遇到各种各样的障碍物，它们会对声波的能量及其传播方式产生影响。声波在两种媒质的分界面上会发生反射、透射（对垂直入射声波）和折射（对斜入射声波）现象。要获得入射波、反射波、透射波（或折射波）之间的定量关系，需要用到边界条件。在无限大的分界面上，有两种声学边界条件，它们是声压连续条件和法向质点振速连续条件，表达式为

$$p_1 = p_2 \tag{1-13}$$

$$v_1 = v_2 \tag{1-14}$$

式中：p，v 分别为分界面上的声压和质点振速；下标1和2分别表示媒质1和媒质2。

对于一维斜入射平面波问题，入射波声压和质点振速分别为

$$p_i = p_{ia} e^{j(\omega t - k_1 x\cos\theta_i - k_1 y\sin\theta_i)} \tag{1-15}$$

$$v_{ix} = -\frac{\cos\theta_i}{\rho_1 c_1} p_i \tag{1-16}$$

式中：p_{ia} 为入射波声压幅值。

反射波声压和质点振速分别为

$$p_r = p_{ra} e^{j(\omega t + k_1 x\cos\theta_r - k_1 y\sin\theta_r)} \tag{1-17}$$

$$v_{rx} = -\frac{\cos\theta_r}{\rho_1 c_1} p_r \tag{1-18}$$

式中：p_{ra} 为反射波声压幅值。

在媒质另一侧的入射波声压和质点振速分别为

$$p_t = p_{ta} e^{j(\omega t - k_2 x\cos\theta_t - k_2 y\sin\theta_t)} \tag{1-19}$$

$$v_t = -\frac{\cos\theta_t}{\rho_2 c_2} p_t \tag{1-20}$$

在分界面上，有以下边界条件：

$$p_i + p_r = p_t \tag{1-21}$$

$$v_i + v_r = v_t \tag{1-22}$$

由此可以获得声波反射与折射定律：

$$\theta_i = \theta_r \tag{1-23}$$

$$\frac{\sin\theta_i}{\sin\theta_t} = \frac{k_2}{k_1} = \frac{c_1}{c_2} \tag{1-24}$$

2. 声波的干涉

设有两列同频率、相差固定的平面声波，分别为

$$\left.\begin{aligned}p_1 &= p_{1a}\cos(\omega t - \varphi_1)\\ p_2 &= p_{2a}\cos(\omega t - \varphi_2)\end{aligned}\right\} \tag{1-25}$$

合成声场的声压为

$$p = p_a\cos(\omega t - \varphi) \tag{1-26}$$

式中：p_a、φ 分别为合成声场的声压幅值和相位，并有

$$p_a = \sqrt{p_{1a}^2 + p_{2a}^2 + 2p_{1a}p_{2a}\cos(\varphi_2 - \varphi_1)} \tag{1-27}$$

$$\varphi = \arctan\frac{p_{1a}\sin\varphi_1 + p_{2a}\sin\varphi_2}{p_{1a}\cos\varphi_1 + p_{2a}\cos\varphi_2} \tag{1-28}$$

合成声场的平均声能密度为

$$\bar{\varepsilon} = \bar{\varepsilon}_1 + \bar{\varepsilon}_2 + \frac{p_{1a}p_{2a}}{\rho_0 c_0^2}\cos\Psi \tag{1-29}$$

式中：Ψ 为平均声能密度的相位。

由上式可以看出，两列声波叠加后的平均声能密度出现极大、极小相互交错的现象，称为声波干涉现象。对于不同频率的两列固定相差声波，有

$$\bar{\varepsilon} = \bar{\varepsilon}_1 + \bar{\varepsilon}_2 \tag{1-30}$$

对于具有相同频率的两列相位随机变化的声波，有

$$\left.\begin{aligned}p_1 &= p_{1a}\cos(\omega t - \varphi_1)\\ p_2 &= p_{2a}\cos(\omega t - \varphi_2)\end{aligned}\right\} \tag{1-31}$$

合成声场的声压为

$$p = p_a\cos(\omega t - \varphi) \tag{1-32}$$

式中：

$$p_a = \sqrt{p_{1a}^2 + p_{2a}^2 + 2p_{1a}p_{2a}\cos(\varphi_2 - \varphi_1)} \tag{1-33}$$

$$\varphi = \arctan\frac{p_{1a}\sin\varphi_1 + p_{2a}\sin\varphi_2}{p_{1a}\cos\varphi_1 + p_{2a}\cos\varphi_2} \tag{1-34}$$

合成声场的平均声能密度为

$$\bar{\varepsilon} = \bar{\varepsilon}_1 + \bar{\varepsilon}_2 \tag{1-35}$$

对于多列这样的声波，合成声场的声压幅值的二次方可以表示成多列无规相位声压幅值二次方的算术求和叠加，即

$$p_a^2 = p_{1a}^2 + p_{2a}^2 + \cdots + p_{na}^2 \tag{1-36}$$

在实际的场合中，多人讲话发出的声音、多台机器发出的噪声、不同车辆发出的交通噪声的叠加都可以看作无规相位声波的叠加。

1.2.3　声学测量中常涉及的声学参数

1. *声压*

定量描述声波的基本物理量是声压，它是媒质受扰动后产生的逾量压强，是空间位置和时间的函数，单位是压强的单位 Pa，$1\text{Pa}=1\text{N/m}^2$。

声场中某一瞬时的声压值称为瞬时声压，在一定时间间隔内最大的瞬时声压为峰值声压。一定时间间隔内，瞬时声压对时间取均方根值称为有效声压，即

$$p_e = \sqrt{\frac{1}{T}\int_0^T p^2\,\mathrm{d}t} \tag{1-37}$$

式中:T 代表平均的时间间隔。

介质质点速度是求声能量所必需的参量,它是一个矢量。已知声压,可以由运动方程求出质点速度,即

$$\boldsymbol{v}=-\frac{1}{\rho_0}\int \mathrm{grad}\,p\,\mathrm{d}t \tag{1-38}$$

在 x 轴方向,有

$$v_x=-\frac{1}{\rho_0}\int \frac{\partial p}{\partial x}\mathrm{d}t \tag{1-39}$$

描述声压的基本参量是幅度、相位、频率、波长等。例如,一列纯音声波,在数学上可以表示为 $p=p_a\sin(\omega t+\varphi)$,则 p_a 是该声波的幅度,$\omega=2\pi f=2\pi/T$,ω 为角频率,f 为频率,T 为周期,φ 为相位。一个周期内声波的长度称为波长,它与频率成反比,满足 $\lambda=c_0/f$,其中 c_0 是声波传播的速度。

2. 声能量与声能密度

在一个足够小的体积元内,体积、压强和密度分别记为 V_0,p,ρ_0,则声扰动的能量为动能和势能之和,有

$$\Delta E=\Delta E_k+\Delta E_p=\frac{V_0}{2}\rho_0\left(v^2+\frac{1}{\rho_0^2c_0^2}p^2\right) \tag{1-40}$$

单位体积内的声能量称为声能量密度,其表达式为

$$\varepsilon=\frac{\Delta E}{V_0}=\frac{1}{2}\rho_0\left(v^2+\frac{1}{\rho_0^2c_0^2}p^2\right) \tag{1-41}$$

以上方程对所有形式的声波都成立,具有普遍意义。对于平面波,有

$$\Delta E=V_0\,\frac{p_a^2}{\rho_0c_0^2}\cos^2(\omega t-kx) \tag{1-42}$$

单位体积内的平均声能量为平均声能密度,有

$$\bar{\varepsilon}=\frac{\overline{\Delta E}}{V_0}=\frac{p_a^2}{2\rho_0c_0^2}=\frac{p_e^2}{\rho_0c_0^2} \tag{1-43}$$

3. 声功率与声强

单位时间内通过垂直于声传播方向面积 S 的平均声能量称为平均声功率或平均声能量流,它与平均声能密度的关系是

$$\overline{W}=\bar{\varepsilon}c_0S \tag{1-44}$$

单位面积上的平均声功率称为声强,有

$$I=\frac{\overline{W}}{S}=\bar{\varepsilon}c_0 \tag{1-45}$$

求声强的另一种方法是

$$I=\frac{1}{T}\int_0^T \mathrm{Re}(p)\mathrm{Re}(v)\mathrm{d}t \tag{1-46}$$

声强的单位为 $\mathrm{W/m^2}$。需要特别注意的是,声强是一个矢量,它表示声场中声能流的运动方向。

4. 声压级、声强级和声功率级

一方面,直接应用声压、声功率等描述实际生活中的各种声音,其数值变化范围非常宽,而用对数标度以突出其数量级的变化则相对明了。另一方面,人耳对声音的接收,并不是正比于

声强的绝对值，而是更接近正比于其对数值。因此，在声学中普遍使用对数标度来量度声压、声强、声功率等声学参量，分别称为声压级、声强级和声功率级，单位用 dB 表示。

声压级的符号为 L_p，其定义为：将待测声压的有效值 p_e 与参考声压 p_0 的比值取以 10 为底的常用对数，再乘以 20，即

$$L_p = 20\lg\frac{p_e}{p_0} \tag{1-47}$$

在空气中，参考声压 $p_0=2\times10^{-5}$ Pa，这个数值是正常人耳对 1kHz 声音刚刚能够觉察到的最低声压值。也就是说，低于这一声压值，一般人耳就不能觉察到此声音的存在了，亦即听阈声压级为 0dB。式(1-47)也可以写为

$$L_p = 20\lg p_e + 94(\text{dB}) \tag{1-48}$$

人耳的感觉特性，从可听阈的 2×10^{-5} Pa 声压到痛阈的 20Pa 声压，两者相差 100 万倍，而用声压级来表示则变化为 0～120dB 的范围，使声音的量度大为简明。由此可以看出，声压值增大 10 倍相当于声压级增加 20dB，声压值增大 100 倍相当于声压级增加 40dB。一般微风轻轻吹拂树叶的声音约为 14dB，在房间中高声谈话(相距 1m 处)约为 68～74dB，飞机强力发动机的声音(5m 远)约为 140dB。一个声音比另一声音的声压大 1 倍时，声压级增加约 6dB，一般人耳对于声音强弱的分辨能力约为 0.5dB。

声强级 L_I 的定义为，待测声强 I 与参考声强 I_0 的比值取常用对数再乘以 10，即

$$L_I = 10\lg\frac{I}{I_0} \tag{1-49}$$

在空气中，参考声强 I_0 取为 10^{-12} W/m²，它是与空气中参考声压 $p_0=2\times10^{-5}$ Pa 相对应的声强。这样式(1-49)又可写成

$$L_I \approx 10\lg I + 120(\text{dB}) \tag{1-50}$$

式中：

$$I = \frac{p^2}{\rho_0 c_0} \tag{1-51}$$

式中：$\rho_0 c_0$ 是空气的特性阻抗。在计算参考声强时，如果空气的特性阻抗取值为 400N·s/m³，代入式(1-49)，则有

$$\begin{aligned} L_I &= 10\lg\frac{I}{I_0} = 10\lg\left(\frac{p^2}{\rho_0 c_0}\times\frac{400}{p_0^2}\right) \\ &= L_p + 10\lg\frac{400}{\rho_0 c_0} = L_p + \Delta L_p \end{aligned} \tag{1-52}$$

大多数情况下，$\Delta L_p=10\lg(400/\rho_0 c_0)$ 的值很小，因此，声压级 L_p 近似等于声强级 L_I。例如，空气中，在一个标准大气压(1.013×10^5 Pa)下：0℃时，$\rho_0 c_0=428$ N·s/m³，$\Delta L_p=-0.29$ dB；20℃时，$\rho_0 c_0=415$ N·s/m³，$\Delta L_p=-0.16$ dB。可见，两种温度下，都可以认为 $L_p\approx L_I$。

声功率也可用“级”来表示，称为声功率级，其定义为

$$L_W = 10\lg\frac{W}{W_0} \tag{1-53}$$

这里 W 是指声功率的平均值 $\overline{W}$。对于空气媒质，参考声功率 $W_0=10^{-12}$ W，这样式(1-53)可写为

$$L_W = 10\lg\overline{W} + 120(\text{dB}) \tag{1-54}$$

由式(1-45)的声强与声功率的关系，以及空气中声强级近似地等于声压级，可得

$$L_p \approx L_I = 10\lg\left(\frac{W}{S}\cdot\frac{1}{I_0}\right) \tag{1-55}$$

将 $I_0 = 10^{-12}\,\mathrm{W/m^2}$ 代入式(1-55)，便得到

$$L_p \approx L_I = L_W - 10\lg S \tag{1-56}$$

这就是空气中声强级、声压级与声功率级之间的关系。需要注意的是，式(1-56)应用的条件必须是自由声场，即除了声源发声外，其他声源的声音和反射声的影响均应小到可以忽略的程度。在自由场和半自由场中测量机器噪声辐射声功率的方法就是基于上述理论。

以上介绍了一些基础的声学参数。除了这些常见参数之外，在室内声学中还有一些较为专用的声学参数，此处也进行介绍。

5. 混响时间

封闭空间中从声源发出的声能量，在传播过程中由于不断被壁面吸收而逐渐衰减，声波在各个方向来回反射而又逐渐衰减的现象就为封闭空间内的混响。用混响时间这个量来描述室内声音衰减快慢的程度。在物理上，它定义为在扩散声场中，声源停止后从初始的声压级降低60dB(相当于平均声能密度降为 $1/10^6$)所需的时间，用符号 T_{60} 来表示。根据上述定义，可以得到混响时间的计算公式：

$$T_{60} = 0.161\,\frac{V}{-S\ln(1-\bar{\alpha})} \tag{1-57}$$

式中：V 为封闭空间体积；S 为房间内的表面积；$\bar{\alpha}$ 为空间的平均吸声系数。

上式称为 Sabine 公式。

Sabine 公式是一个求解混响时间的经验公式，只能对混响时间进行估算。若想得到更为准确的混响时间数据，应严格根据其定义，利用能量衰减曲线进行计算。得到能量衰减曲线通常有两种方法：声源中断法和脉冲反相积分法。声源中断法是直接测量声压级的衰变曲线，计算出混响时间。这种方法一般需要重复测量多次，因为声衰减过程不可避免会产生瞬时起伏。脉冲响应积分法只需要一次测量即可获得能量衰减曲线，因为积分与群体平均是等效的。其思路为，首先测量声场的脉冲响应，然后根据积分求解能量衰减曲线，再根据声能衰减斜率计算混响时间。声能衰减曲线的求解公式为

$$E(t) = \int_t^{\infty} p^2(t)\,\mathrm{d}t \tag{1-58}$$

式中：$p(t)$ 为测量得到的声压脉冲响应函数。

混响时间的长短是判断封闭声学结构，特别是大型建筑内音质特点的一个重要依据。混响时间适宜的建筑内，一般认为声音有混响感、丰满而有力。如果混响时间过长，给人的感觉是回声很强，声音的清晰度会受到影响；如果混响时间过短，则使声音显得干涩、不饱满。因此，对于不同功能的声学结构，在设计时应当选择最符合其功能需要的混响时间。大多数情况下，最佳混响时间的取值范围是 0.03～5s。

6. 中心时间

为了描述封闭声场内的语言可懂度，Kürer 提出了中心时间这一概念。得到声能衰减曲线 $E(t)$ 后，中心时间可按照下式计算：

$$T_s = \frac{\int_0^{\infty} tE(t)\,\mathrm{d}t}{\int_0^{\infty} E(t)\,\mathrm{d}t} \tag{1-59}$$

从研究结果来看，语言可懂度是随着中心时间的延长而呈现下降趋势的。

7. 清晰度

对于一般的建筑，特别是具有语言类用途的建筑，声音的清晰度是非常关键的。与之相关的客观指标包括音节清晰度、语言传输指数、清晰度和明晰度等，其中，应用比较普遍的是清晰度和明晰度两个指标。这两个指标主要用于描述封闭声场内反射声的重要成分（也包括直达声）与其他反射声之间的关系。通常，这些重要成分是指 50ms 或 80ms 以内的反射声。

清晰度的概念是由 Thiele 提出的，它被定义为

$$D = 100\% \times \frac{\int_0^{50} E(t)\,\mathrm{d}t}{\int_0^{\infty} E(t)\,\mathrm{d}t} \tag{1-60}$$

式中：$E(t)$是能量衰减曲线。

这一指标的含义是要用一个类似于“级”的定义方式，将前 50ms 内的反射能量、直达声与其余时间内的能量进行比较。Bore 研究了该指标与语言可懂度之间的关系，得出的结论是：二者之间确实存在明显的相关性（D 越大，对语言可懂度越有利）。

8. 明晰度

为了评价声场中的早、后期声能的比较关系，Reichardt 等人在 1973 年引入了一个指标——明晰度：

$$C_{t_e} = 10\lg \frac{\int_0^{t_e} E(t)\,\mathrm{d}t}{\int_0^{\infty} E(t)\,\mathrm{d}t} \tag{1-61}$$

式中：t_e＝50ms 或 80ms，前者适于语言声，后者更适合于音乐声。

例如，当 t_e＝80ms 时，反映的是前 80ms 内的声能与剩余时间内声能的关系。研究表明，$C_{80}=0$ 就表示主观明晰度感觉是满意的。该指标一般应该在-5～3 之间取值。目前，明晰度已被越来越多的研究者接受，特别是在音乐厅和剧院的声学设计与分析中得到了认可。

不难证明，C_{50} 和 D_{50} 存在着定量的关系，即

$$C_{50} = 10\lg \frac{D_{50}}{1-D_{50}} \tag{1-62}$$

9. 声场力度

声压级等描述能量分布的指标可以较好地反映封闭空间内的声场分布情况，但并不能直接反映声源的特性。为此，研究者引入了另一个指标——声场力度 G，其定义为

$$G = 10\lg \frac{\int_0^{\infty} p^2(t)\,\mathrm{d}t}{\int_0^{\infty} p_{10\mathrm{m}}^2(t)\,\mathrm{d}t} \tag{1-63}$$

式中：$p(t)$是某声源在实际空间中某点处的瞬时声压；$p_{10\mathrm{m}}$是在自由场（消声室）中距该声源 10m 处测得的瞬时声压。

10. 早期侧向反射声能比

在对声场空间感的研究中，侧向反射的重要性得到了认同，并用早期侧向反射声能比 LEF 描述，其定义为

$$\mathrm{LEF}=\frac{\int_{5}^{80} p_{L}^{2}(t)\,\mathrm{d}t}{\int_{0}^{80} p^{2}(t)\,\mathrm{d}t} \tag{1-64}$$

式中：$p_L(t)$指的是用“8”字形麦克风测量的声压级。

Barron 通过研究发现，在 5～80ms 的范围内，LEF 与入射声能，以及入射声方向与人耳夹角的余弦 $\cos\varphi$ 成比例。因此就有

$$\mathrm{LEF}=\frac{\int_{5}^{80} [p(t)\cos\varphi]^{2}\,\mathrm{d}t}{\int_{0}^{80} p^{2}(t)\,\mathrm{d}t} \tag{1-65}$$

1.3　实验示例：声音的产生、基本特性及感知

此实验目的有三个：①巩固理解声音产生的机理；②掌握描述声音基本特性的参数；③掌握不同的声学参量及其运算。

实验要求：通过观察、实验、比较、讨论，清楚“声音是由物体振动产生的”这条结论；感觉并观察不同频率、幅值及波形的声信号；掌握声压、声强及声功率之间的关系；熟悉 Matlab 软件的使用环境，以及本次实验中使用到的命令。

实验环境：功率放大器 SD1492，激振器 SD1482A，声级计 HS5633，声校准器 HS6020，通用计算机(带扬声器)，钢板 0.5m×0.5m，声音可视化软件 Winamp5 Pro，计算软件 Matlab 9.0 及以上版本，音频、视频播放软件，声学测量及听觉感知虚拟实验平台。

实验内容：①使用音叉了解振动与声音产生之间的关系；②在声学测量及听觉感知虚拟实验平台中感知声音的波形；③在 Matlab 软件环境中，编程产生正弦波、余弦波、方波、锯齿波、脉冲波等至少 3 种类型、5 种频率的声信号，进行播放，并计算其声压级、声强级和声功率级；④在 Matlab 软件环境中，录制一段声音，显示其时域波形、FFT(快速 Fourier 变换)频谱图和语谱图，体会声纹的概念。

实验步骤：

(1)将一支音叉接至共鸣箱，用橡皮锤敲击音叉，听其振动声。

(2)将两支频率相同的带有共鸣箱的音叉 1、2 相隔一定距离放置，用橡皮锤敲响音叉 1，使之振动，稍待一会儿握住此音叉使它停振，在安静的室内可清晰地听到音叉的声响。这是因为音叉 1 虽已停振，但在停振以前，通过空气振动，已迫使另一音叉 2 振动，因此可听到另一音叉 2 的共鸣声，这时的声响就是音叉 2 发出的。手握音叉 2，声响消失。

(3)在声音可视化软件 Winamp5 Pro 中，导入下载或者录制好的音频文件，观察声音的波形，思考可视化功能是基于声信号的什么特征实现的。

(4)在 Matlab 软件环境中，编程产生正弦波、余弦波、方波、锯齿波、脉冲波等至少 3 种类型、5 种频率的声信号，并进行播放。

(5)对步骤(4)中产生的任一声信号，在 Matlab 软件环境中，利用所采集的声信号数据，编程计算此声信号的声压级、声强级和声功率级，并绘制出对应的频谱图。

实验参考程序具体见附录一。

部分 Matlab 程序运行结果如图 1-2、图 1-3 所示。

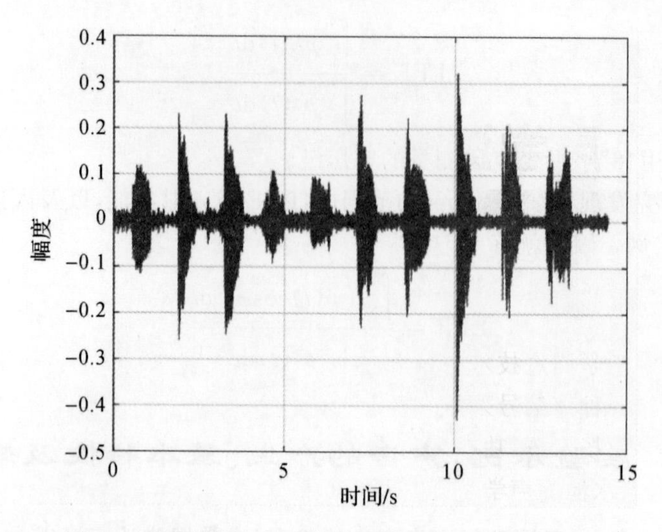

图 1-2　录制的声音时域波形图(数字 0,1,2,…,10)

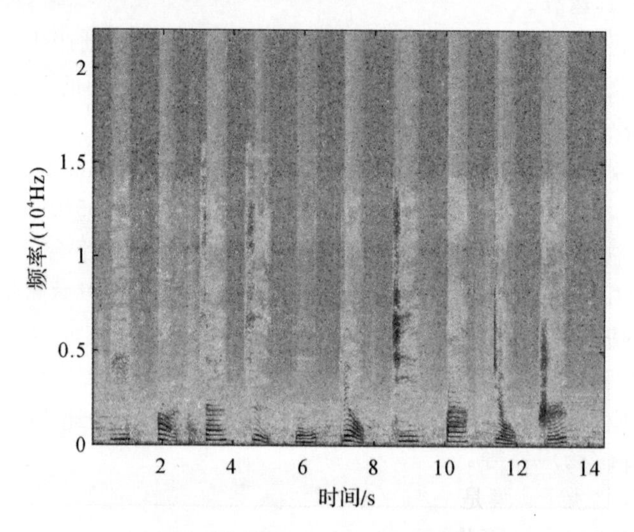

图 1-3　图 1-2 对应的语谱图

第 2 章　声学测量中常用仪器与声学设施

声学测量是研究声学测量技术的科学，包括测量方法和测量仪器两个方面。测量中常用的仪器设备不仅包括各种声信号采集分析设备（例如，声级计、声强仪等），还包括声信号发射设备和调理设备（例如，扬声器、功率放大器、电荷放大器等）。除了仪器设备，还有消声室、混响室、消声水池和混响水池等声学设施。

2.1　扬　声　器

扬声器是一种把电信号转变为声信号的换能器件，作为声源，在室内声环境中不可或缺。扬声器也是完成各种室内声学测量和声学材料（结构）性能测量不可缺少的仪器。本节先简要介绍扬声器的种类、构成和工作原理，在 2.5 节中，将会介绍纸盆扬声器的制作和扬声器电声参数的测量。

2.1.1　扬声器的分类

扬声器的种类很多，按换能机理分为动圈式（电动式）、电容式（静电式）、压电式（晶体或陶瓷）、电磁式（压簧式）、电离子式和气动式扬声器等；按频率范围分为低频扬声器、中频扬声器、高频扬声器，在音箱中，这些不同频段的扬声器经常作为组合扬声器使用；按声辐射材料分为纸盆式、号筒式、膜片式扬声器等。

PVDF（聚偏二氟乙烯）薄膜是一种新型的高分子压电材料，在外力的作用下会产生压电效应，利用对应的反压电效应，可将其制作成新型薄膜扬声器，即在压电薄膜的两侧加上适当的交流电场，使薄膜受力产生振动位移，带动空气振动，最终产生声音。

PVDF 薄膜具有质量轻（密度为 $1.78\mathrm{g/cm^3}$）、厚度薄（厚度通常为 0.03～0.5mm）、可弯曲、占用空间小等特点，由其制成的薄膜扬声器具有较宽的频带、较低的声阻抗（与水和黏胶体接近）、较高的灵敏度、高介电常数、高机械强度和抗冲击性以及高稳定性。

图 2－1 所示为韩国 Fils 公司生产的 PVDF 薄膜，图 2－2 所示为笔者课题组组装的薄膜扬声器套件。

2.1.2　扬声器的构造

电动式扬声器具有电声性能好、结构牢固、成本低等优点，应用广泛。它又分为纸盆式、号筒式和球顶形三种。最常见的电动式锥形纸盆扬声器如图 2－3 所示，由三部分组成：①振动系统，包括鼓纸、音圈、定心支片；②磁路系统，包括磁铁、轭铁、导磁板；③辅助系统，包括盆架、接线板、导线、压边和防尘盖等。

图 2-1 PVDF 薄膜(17cm×24cm)

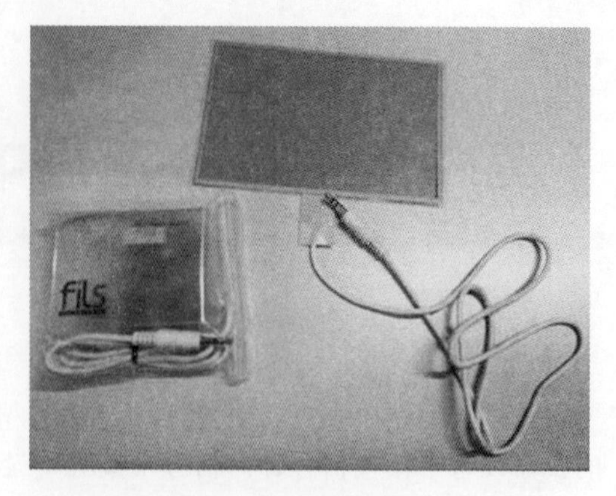

图 2-2 PVDF 薄膜扬声器套件(9cm×14cm)

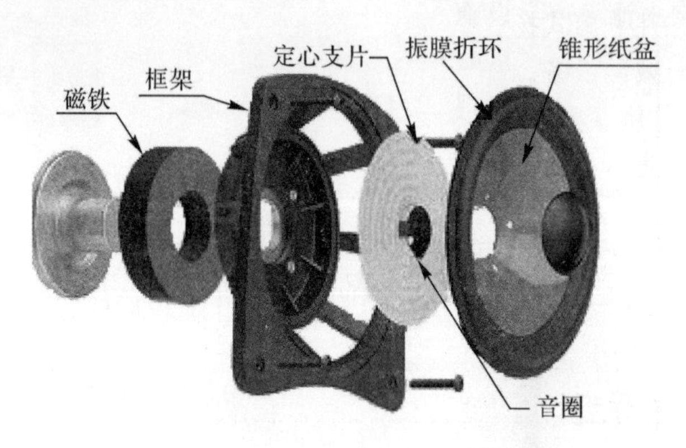

图 2-3 电动式锥形纸盆扬声器构造

音圈是锥形纸盆扬声器的驱动单元,它是用很细的铜导线分两层绕在纸管上,一般绕有几十圈,又称线圈,放置于导磁芯柱与导磁板构成的磁隙中。音圈与纸盆固定在一起,声音电流信号通入音圈后,音圈振动带动着纸盆振动。2014 年以前,振膜还以纸盆为主,后来出现了许多其他材料的振膜,现在常用的振膜材料有天然纤维和人造纤维两大类。天然纤维常采用棉、木材、羊毛、绢丝等,人造纤维则采用人造丝、尼龙、玻璃纤维等。折环是为保证纸盆沿扬声器的轴向运动、限制横向运动而设置的,同时起到阻挡纸盆前后空气流通的作用。折环的材料除常用纸盆的材料外,还利用塑料、天然橡胶等,经过热压黏结在纸盆上。定心支片用于支持音圈和纸盆的结合部位,保证其垂直而不歪斜。定心支片上有许多同心圆环,使音圈在磁隙中自由地上下移动而不作横向移动,保证音圈不与导磁板相碰。定心支片上的防尘罩是为了防止外部灰尘等落在磁隙中,造成灰尘与音圈摩擦,而使扬声器产生异常声音。

如图 2-4 所示,号筒式扬声器与纸盆式扬声器的不同之处在于,除了振动单元之外,还加了号筒这个特别的构造。振动单元与纸盆扬声器类似,在原理上是一种将电能转换成机械能的能量转换器,它的振膜与号筒的喉部相连。但是,为了增加振膜的刚性,使振膜能很好地与号筒连接,号筒扬声器大多采用球顶形振膜。振膜通常用铝合金、钛合金或经树脂浸渍处理的布基材料压制成型,并且大多和振膜周围的折环制成一体。振膜的振动通过号筒(经过两次反射)向空气中辐射声波。号筒则是一根截面积逐渐变化的声管,号筒上管径小的一端叫喉口,管径大的一端叫出声口。由于号筒式扬声器的频率高、音量大,因此常用于室外及广场扩声。

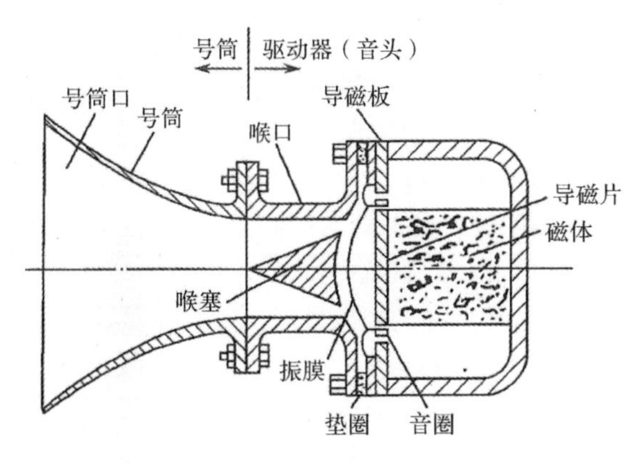

图 2-4　号筒式扬声器构造

图 2-5 是南京世研仪器设备有限公司开发的一种定向强声设备构造图。从图中可以看到，这个设备的核心部件号筒式扬声器阵列，它是一种高效的远程声波定向发射装备及声波驱散器，相当于一个强声喊话设备。通过高强度噪声刺激，对有潜在威胁的鸟禽、人群、船舶等进行喊话、警示和驱离，可协助军事、公安执法等营造更大的安全区域。这个设备已经在舰船上得以应用，助力我国国防现代化。

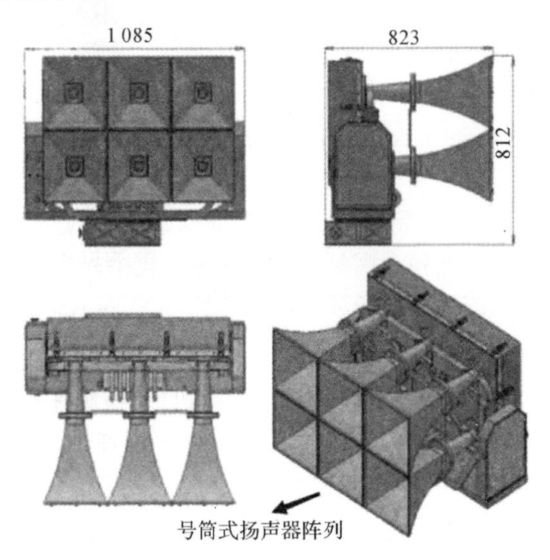

图 2-5　U 系列六驱动舰载型强声系统

2.1.3　扬声器的性能指标

评价扬声器性能的指标有很多，其中与声学性能相关的主要有阻抗特性、品质因数、频率特性以及指向性。以下逐一进行介绍。

1. 阻抗特性

扬声器的阻抗 Z_e 由三部分组成，即音圈直流电阻、音圈感抗、动生阻抗，分别对应于下式等号右边三项，其中动生阻抗是由机械系统反映到电系统的阻抗，由振动系统振动而产生。

$$Z_e = R_v + j\omega L_v + \frac{A^2}{2r_{ad} + j\omega^2 m_{ad} + r_m + j\omega(m_d + m_v) + (S_d + S_s)/j\omega} \quad (2-1)$$

式中：R_v 为音圈直流电阻；L_v 为音圈电感；A 为力系数；r_{ad} 为辐射阻；m_{ad} 为辐射质量；r_m 为机

械系统的等效力阻；m_d为振膜质量；m_v为音圈质量；S_d为弹波劲度；S_s 为折环劲度。

把阻抗数值表示为频率的函数，即为阻抗曲线。图 2－6 所示为纸盆扬声器的典型阻抗曲线。

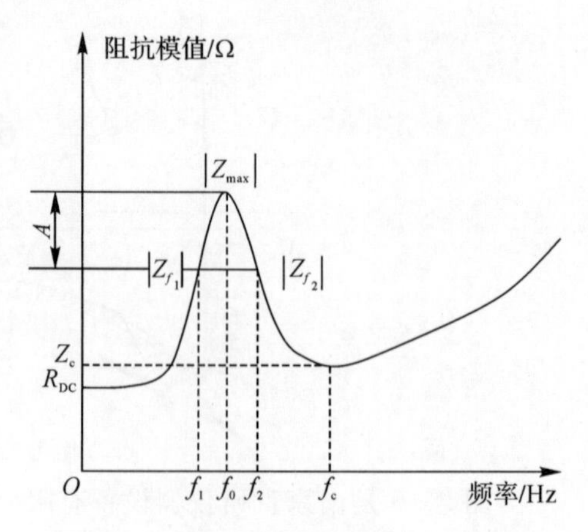

图 2－6　纸盆扬声器的典型阻抗曲线

图 2－6 中，f_0为扬声器的谐振频率，f_c为箱体的谐振频率。r_0为频率 f_0处扬声器阻抗的最大值 Z_{max}与扬声器直流电阻 R_{DC}之比，r_1为 f_1或 f_2处阻抗模值与扬声器直流电阻之比。在频率 f_1或 f_2处的阻抗模值相等，即$|Z_{f_1}|=|Z_{f_2}|$，f_1与 f_2满足$f_1 \cdot f_2=f_0^2$。

额定阻抗是指阻抗曲线上紧跟在第一个极大值后面的极小值 Z_c，是由制造厂规定的纯电阻的阻抗。它一般是音圈直流电阻的 1.2～1.5 倍。一般动圈式扬声器常见的额定阻抗有 4Ω、8Ω、16Ω、32Ω 等。

2．品质因数

品质因数也称 Q 值，表现为最低共振频率处振动系统阻尼状态的值，即表示为共振频率点声阻抗的惯性抗（或弹性抗）部分与纯阻部分的比值，只适用于电动扬声器。

利用阻抗曲线计算品质因数的公式为

$$Q=\frac{1}{r_0}\frac{f_0}{f_2-f_1}\sqrt{\frac{r_0^2+r_1^2}{r_1^2-1}} \tag{2-2}$$

3．频率特性

给扬声器加上相同电压、不同频率的音频信号时，其产生的声压将会产生变化。一般而言，中频时产生的声压较大，而低频和高频时产生的声压较小。当声压下降为中频的某一数值时的高、低音频率范围，称为该扬声器的频率响应特性。

理想的扬声器频率特性应为 20Hz～20kHz，这样就能把全部音频均匀地重放出来。然而，这是做不到的，每一个扬声器只能较好地重放某一部分频率范围的音频。

扬声器的谐振频率 f_0，也就是阻抗达到第一个极大值所对应的频率，具体计算公式为

$$f_0=\frac{1}{2\pi}\sqrt{S_0/m_0} \tag{2-3}$$

式中：S_0是振动系统的等效劲度，即支撑振动系统的鼓纸等弹簧系统的刚度，其倒数是顺性 $C_{ms}=1/S_0$；m_0是振动系统的等效质量，包含了以鼓纸和音圈为主的振动系统等效质量以及振动时附加在鼓纸两侧的附加质量。

可以看出，扬声器单元的谐振频率与振动系统的等效劲度的二次方根成正比，与振动系统的等效质量的二次方根成反比。因此，可以通过改变振膜材料或者质量，达到调节谐振频率的目的。例如：加大振膜质量，会降低谐振频率，但质量过大会使扬声器灵敏度降低；增加振膜的顺性，会降低谐振频率，但顺性太大会使振膜振幅加大，导致失真加大和降低功率承受能力。

扬声器频率响应是声学测量中经常涉及的一个测量对象。在自由场或半空间自由场条件下，在相对于参数轴和参数点的指定位置，以规定的恒定电压测得的声压级即为频率响应，所用的恒定电压为正弦信号或频带噪声信号。图 2－7 所示为图 2－2 所示薄膜扬声器的频响曲线，其中粗线为白噪声激励，细线为正弦扫频激励。

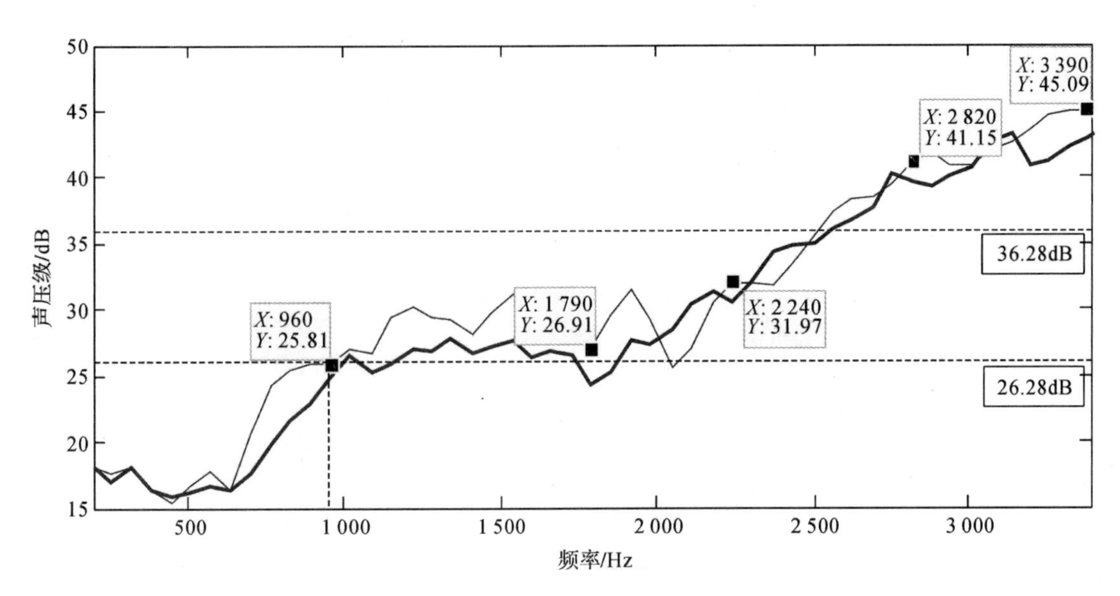

图 2－7　正弦扫频和白噪声情况下薄膜扬声器的频率响应曲线

有效频率范围是指以扬声器使用的上限频率和下限频率为界限的频率范围。其确定规则为：在灵敏度值最大的区域内（不包含 1/9 倍频程峰谷）取一个倍频程带宽，在其中按 1/3 倍频程取 4 个点计算其声压级的算术平均值，下降 10dB 画一条水平线，它与频率响应曲线高、低两端的交点（即 f_2 和 f_1）所对应的频率范围，即为有效频率范围。从图 2－7 可以看出，薄膜扬声器的有效频率范围为 960～3 390Hz。

4. 指向性

指向性用来表征扬声器在空间各方向辐射的声压分布特性，一般用声压级-辐射角特性曲线，即指向性曲线来表示。通过观测指向性曲线，可了解不同方向时声压级变化的规律。研究表明，扬声器的指向性与声音频率有关，一般 300Hz 以下的低频没有明显的指向性，高频信号的指向性较明显，频率超过 8kHz 以后，声压将形成一束，指向性十分尖锐。指向性还与扬声器口径有关系，一般口径大者指向性尖锐，口径小者指向性不明显。扬声器纸盆的深浅也影响指向性，纸盆深者高频指向性尖锐。

为了提高图 2－2 所示薄膜扬声器的辐射声能量，设计了图 2－8 所示的封闭腔式 PVDF 薄膜扬声器。此扬声器的指向性曲线如图 2－9 所示。除了指向性曲线之外，还有指向性频响曲线，即在偏离参数轴不同角度处的一组频率响应曲线。

2.1.4　电动式扬声器的工作原理

扬声器有由磁铁等构成的恒磁场，当扬声器的唯一电学元件音圈中通过交变电流时，它将切割磁力线运动，运动的方向和大小根据输入信号的方向和大小而变化。音圈运动，就带动鼓膜振动，而鼓膜振动，将压缩或拉伸空气，从而传播声波，就听到扬声器发出的声音了。

根据法拉第定律，音圈所受电动力可表示为

$$f_M = Bli \tag{2-4}$$

式中：f_M 为电动力；B 为磁感应强度；l 为音圈导线的总长度；i 是通过音圈的电流。

在不考虑非线性失真的情况下，对于同一扬声器而言，Bl 值是一定的，因此，电动力 f_M 与

通过音圈的电流 i 之间成线性关系，即

$$f_M \propto i \tag{2-5}$$

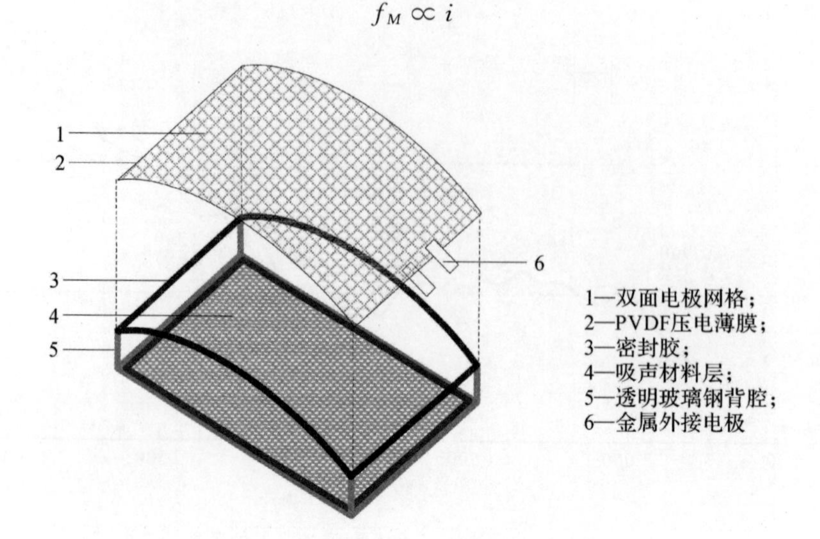

图 2-8 带封闭空腔的 PVDF 薄膜扬声器结构示意图

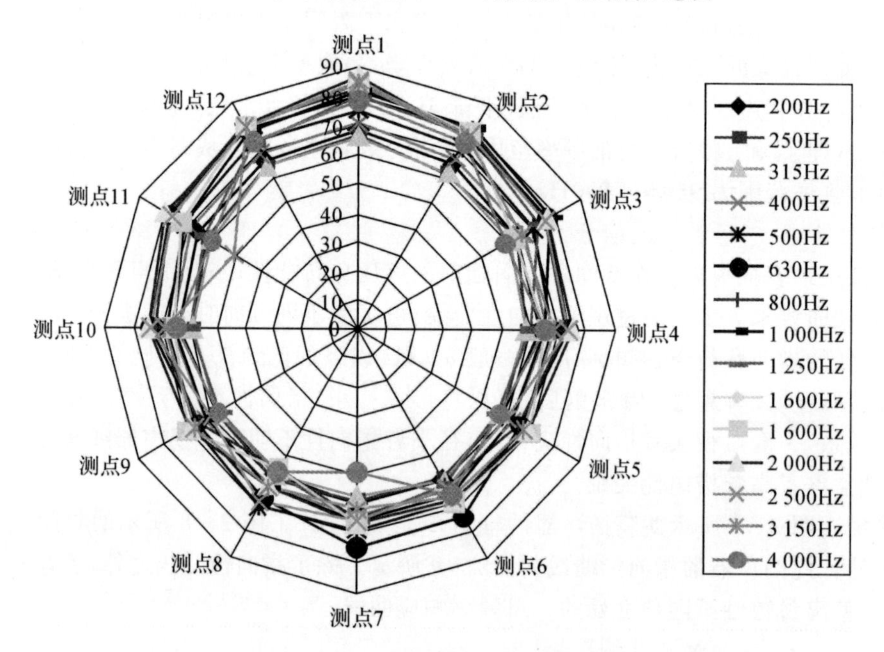

图 2-9 各 1/3 倍频程中心频率下封闭空腔式 PVDF 薄膜扬声器的指向性曲线

2.2 声信号调理设备

在声学测量中，经常会在信号源和信号输出设备之间加信号调理器件（设备），例如衰减器、前置放大器、电荷放大器以及对传感器进行非线性补偿的电平转换器件等等。图 2-10 所示为常用声学测量设备之一——声级计的构造图，其中就包含了衰减器、前置放大器等。

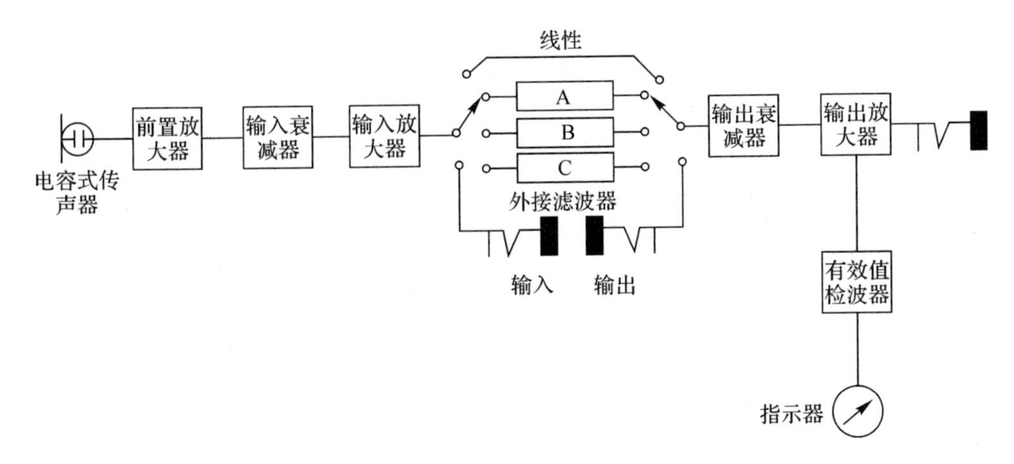

图 2-10　声级计构造图

2.2.1　衰减器

衰减器是在指定频率范围内，引入带预定衰减电路的器件，它的主要用途有两点：①调整电路中信号大小；②改善阻抗匹配，若某些电路要求稳定的负载阻抗，则在电路与实际负载阻抗之间插入一个衰减器，以缓冲阻抗的变化。

通常，衰减器接于信号源和负载之间，衰减器是由电阻元件组成的二端口网络，它的特性阻抗、衰减量都是与频率无关的常数，相移等于零。在声级计中，衰减器的作用是将接收到的强信号给予衰减，以免放大器过载。衰减器分为输入衰减器和输出衰减器。输入、输出衰减器分别用来改变输入信号和输出信号的衰减量，以便使表头指针指在适当的位置。输入放大器使用的衰减器调节范围为测量低端，输出放大器使用的衰减器调节范围为测量高端。

针对衰减器的用途，经常使用表示衰减的分贝数及表示特性阻抗的阻值来标明。假设信号输入端的功率为 P_1，输出端的功率为 P_2，则衰减器的功率衰减量为 a(dB)。若 P_1、P_2 以分贝毫瓦(dBm)表示，则两端功率间的关系为

$$P_2 = P_1 - a \tag{2-6}$$

可以看出，衰减量描述的是信号通过衰减器后其功率的减小程度。衰减量由构成衰减器的材料和结构确定。

在设计和使用衰减器时，必须清楚衰减器的功率容量(额定功率)，因为如果让衰减器承受功率超过功率容量，衰减器就会烧毁。

当输入功率从 10mW 变化到功率容量时，衰减量的功率变化系数单位表示为 dB/(dB·W)。衰减量的变化值的具体算法是将功率变化系数乘以总衰减量功率(W)。

例如，一个衰减器的功率容量为 50W，标称衰减量为 40dB，功率变化系数为 0.001 dB/(dB·W)，这意味着输入功率从 10mW 加到 50W 时，其衰减量会变化 0.001dB/(dB·W)×40dB×50W=2dB 之多。

2.2.2　前置放大器

前置放大器是指置于信号源与放大器级之间的电路或电子设备，是专为接收来自信源的微弱电压信号而设计的。前置放大器在放大有用信号的同时也将噪声放大，低噪声前置放大

器就是使电路的噪声系数达到最小值的前置放大器。前置放大器一般都是直接与检测信号的传感器相连接，只有在放大器的最佳源电阻等于信号源输出电阻的情况下，才能使电路的噪声系数最小。

前置放大器的作用有：提高系统信噪比，减少外界干扰的相对影响，实现阻抗转换和匹配，进行各种音质控制，以美化声音。

在声学测量中，比较关心的前置放大器的性能指标有三个，分别如下：

(1)失真度：包括谐波失真和互调失真。作为高保真前置放大器的最低要求，谐波失真应小于或等于0.5%。目前，前置放大器的谐波失真能做到小于0.01%。

(2)信噪比：其值越大越好。高保真前置放大器对宽带信噪比的最低要求为大于或等于50dB，目前，宽带信噪比可以达到90dB以上。

(3)频率响应：高保真前置放大器对频响的最低要求为40～1 600Hz，允许误差小于或等于±1.5dB。目前，可以实现20Hz～20kHz频率范围内，通带内频率响应平直，且误差不超过±0.1%。

在实际使用时，应根据不同的系统，选择不同种类的前置放大器，参考表2-1。

表2-1 前置放大器

种类	特点	应用	注意事项
电压灵敏前置放大器	稳定性较差	慢计数系统、低分辨能谱测量系统	
电荷灵敏前置放大器	稳定性较好	能量分辨要求较高的能谱测量系统	
电流灵敏前置放大器	电压波形与探测器电流相同	快计数系统、时间测量系统	前放噪声必须加以考虑。一般情况下，前放上升时间选为探测器上升时间的0.5～2倍之间

以声级计为例，电容传声器的一个缺点是内阻比较高，它的电容量一般只有几十皮法(pF)，甚至几皮法。如果与它连接的放大器输入电容量可以与之比拟，就会降低传声器的灵敏度；如果放大器输入电阻太低，则电容传声器在低频时灵敏度会降低，也就是说频率范围受到了限制。因此，在声级计中需要使用前置放大器。也就是说，前置放大器又叫输入级，它本身不起放大作用，电压增益小于并接近等于1，它只起阻抗变换作用，因此，又称为阻抗变换器。

2.2.3 功率放大器

功率放大器，简称“功放”。在声学测量中，功率放大器主要用于补充信号源与声发射设备或者激振设备之间的功率缺口，在整个测量系统中，它起到了“组织、协调”的枢纽作用，一定程度上主宰着整个系统能否提供良好的信号输出。

功率放大器通常由三部分组成：前置放大器、驱动放大器、末级功率放大器。如前所述，前置放大器主要起阻抗匹配作用，其输入阻抗高(不小于10kΩ)，可以将前面的信号大部分吸收过去，输出阻抗低(几十欧以下)，可以将信号大部分传送出去。同时，它本身又是一种电流放大器，将输入的电压信号转化成电流信号，并给予适当的放大。驱动放大器起桥梁作用，它将前置放大器送来的电流信号作进一步放大，将其放大成中等功率的信号驱动末级功率放大器正常工作。如果没有驱动放大器，末级功率放大器就不可能送出大功率的声音信号。末级功率放大器起关键作用，它将驱动放大器送来的电流信号形成大功率信号，带动扬声器发声，它的技术指标决定了整个功率放大器的技术指标。

功率放大器中的核心部件是三极管(见图 2-11)，利用三极管的电流控制作用或场效应管的电压控制作用，将电源的功率转换为按照输入信号变化的电流。图 2-12、图 2-13 所示分别为 NPN 型三极管电路原理图和电流分配图。三极管的集电极电流永远是基极电流的 β 倍，β 是三极管的交流放大倍数。应用这一点，若将小信号注入基极，则集电极流过的电流会等于基极电流的 β 倍，然后将这个信号用隔直电容隔离出来，就得到了电流(或电压)是原先的 β 倍的大信号，这就是三极管的放大作用。经过不断的电流及电压放大，就完成了功率放大。

图 2-11　三极管

图 2-13 的三个电流中，如果有一个电流发生变化，另外两个电流也会随着按比例变化。但是根据能量守恒定理，三极管自身并不能把小电流变成大电流，它仅仅起着一种控制作用，控制着电路里的电源，按确定的比例向三极管提供 I_b、I_c 和 I_e 这三个电流。这个“以小控制大，以弱控制强”的原理可以用两根粗细不一样的管子中的水流来进行类比。如图 2-14 所示，粗的管子内装有闸门，这个闸门是由细管子中的水量控制它的开启程度。如果细管子中没有水流，粗管子的闸门就会关闭。注入细管子的水量越大，闸门就开得越大，相应地流过粗管子的水就越多，最后细管子的水与粗管子的水在下端汇合在一根管子中。

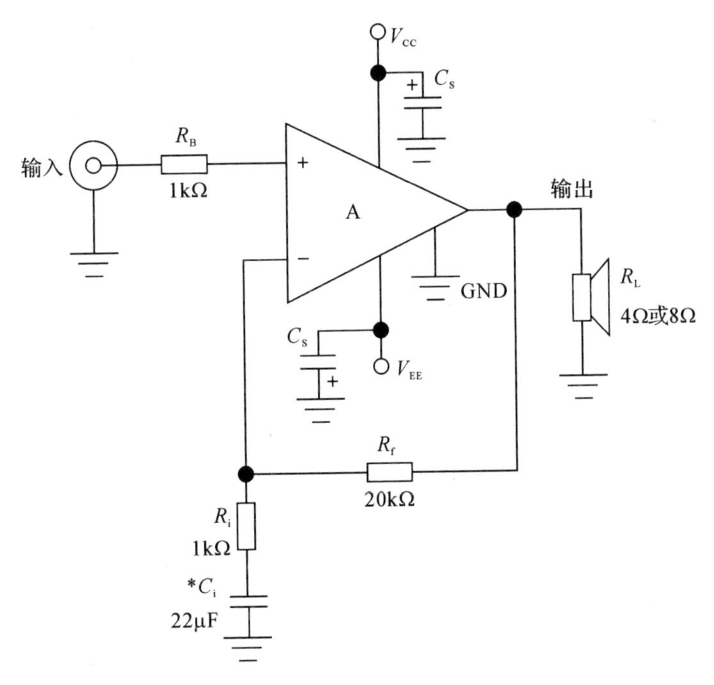

图 2-12　NPN 型三极管电路原理图

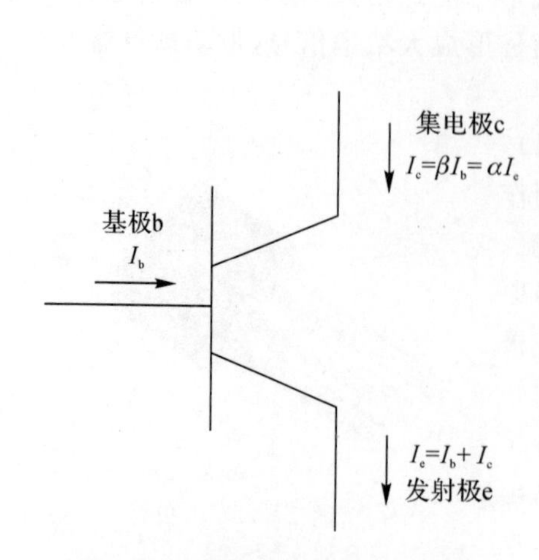

图 2-13 NPN 型三极管电流分配图

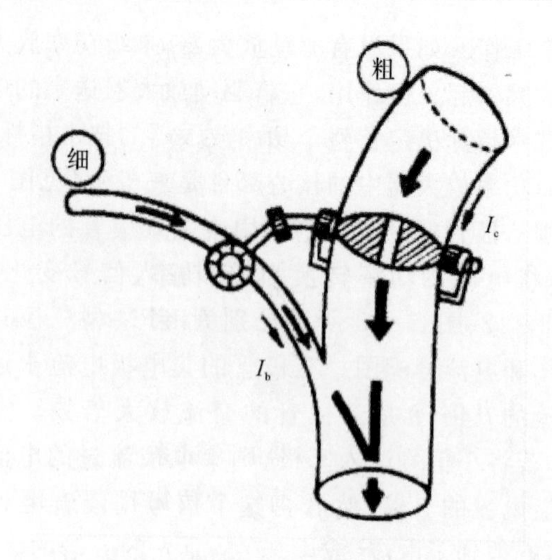

图 2-14 “以小控制大，以弱控制强”的水流类比图

三极管的基极 b、集电极 c 和发射极 e 分别对应图 2-14 中细管、粗管和粗细交汇的管子。若给三极管外加一定的电压，就会产生电流 I_b、I_c 和 I_e。三极管中的调节电位器这个时候起到关键作用，它改变基极电流 I_b，I_c 也随之变化。由于 $I_c=\beta I_b$，所以很小的 I_b 控制着比它大 β 倍的 I_c。I_c 不是由三极管产生的，是由电源 V_{CC} 在 I_b 控制下提供的，所以说三极管起着能量转换作用。

单纯从“放大”的角度来看，β 值越大越好。可是，三极管接成共发射极放大电路时，从管子的集电极 c 到发射极 e 总会产生一个有害的漏电流，称为穿透电流 I_{ceo}，它的大小与 β 值近似成正比，β 值越大，I_{ceo} 就越大。I_{ceo} 不受 I_b 控制，却成为集电极电流 I_c 的一部分，$I_c=\beta I_b+I_{ceo}$。同时，I_{ceo} 跟温度有密切关系，温度升高，I_{ceo} 急剧变大，会破坏放大电路工作的稳定性。一般温度每升高 1℃，β 值增加 0.5%～1%。所以，选择三极管时，并不是 β 越大越好，一般硅管 β 取 40～150，锗管 β 取 40～80。

声学测量中，经常关注的功率放大器性能指标有输出功率、频率响应、信噪比和阻尼系数。输出功率是功率放大器电路输送给负载的功率，包括额定功率（不失真的前提下的最大输出功率）、最大输出功率（不考虑失真的大小，将功率放大器开到最大，此时它所提供的电功率）、音乐输出功率（在输出不失真的情况下，对音乐信号的瞬间最大输出功率）和峰值音乐输出功率（不考虑失真的大小，所能提供的最大音乐功率）。

频率响应是指功率放大器对声信号各频率分量的均匀放大能力，一般可分为幅度频率响应和相位频率响应。幅度频率响应表征了功率放大器的工作频率范围，以及在工作频率范围内的幅度是否均匀和不均匀的程度。相位频率响应是指功率放大器输出信号与原有信号中各频率之间的相位关系，也就是说，有没有产生相位畸变。通常，相位畸变对功率放大器而言并不是很重要，这是因为人耳对相位失真的反应并不是很灵敏。因此，一般所说的功率放大器频率响应就是指幅度频率响应。

功率放大器的噪声指输入端不加任何信号时，作为负载的扬声器所发出的声音（来自内部电路）。信噪比指功率放大器输出的有用信号与噪声之比，专业功率放大器的信噪比值应大于 100dB。

阻尼系数指负载阻抗与功率放大器输出阻抗的比值，通常阻尼系数大，表明功率放大器的输出内阻很低。一般功率放大器所提供的阻尼系数数据都只公布某一个频段的数值。但事实上，大多数功率放大器的阻尼系数，在不同频段都会有变化，因此，所提供的这个数据只能作为一个参考的数据。有些扬声器需要高的阻尼系数去控制单元的动作，如果配上阻尼不足的功率放大器，单元就会有失控的情况，出现多余的谐振及声音损失。反过来，如果一对不需要高阻尼系数的扬声器配上高阻尼功率放大器，单元由于受到高阻尼的控制，声音会变死板，音尾会极短。因此，不当的阻尼配搭，会使本来十分优良的扬声器，发出的声音达不到预期目标。

2.2.4　电荷放大器

在使用电容性传感器的测试系统中，电荷放大器是一种必不可少的信号适调器。它能够将传感器输出的微弱电荷信号转化为放大的电压信号，同时又能够将传感器的高阻抗输出转换成低阻抗输出。

电荷放大器由电荷变换级、低通滤波器、适调放大级、高通滤波器、输出放大级、电源几部分组成。电荷变换级采用高输入阻抗、低噪声、低漂移宽带精密运算放大器，它的输出电压为输入电荷与反馈电容之比。低通滤波器一般为二阶 Butterworth 有源滤波器，可有效地消除高频干扰信号对有用信号的影响。二阶无源高通滤波器可有效地抑制低频干扰信号对有用信号的影响。

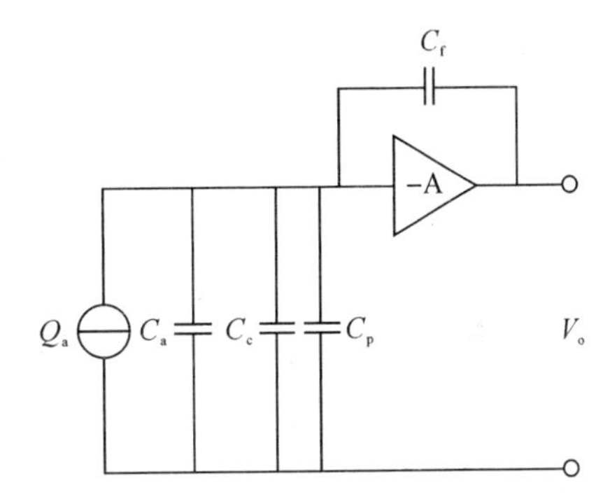

图 2-15　电荷放大器等效电路图

电荷放大器是具有深度电容负反馈的高开环增益的运算放大器。如图 2-15 所示，在运算放大器的反馈回路上接一只电容器，以形成一个积分网络，对输入电流进行积分。这个输入电流是由传感器内部的高阻抗压电元件上产生的电荷形成的，从而形成与电荷，最终也与传感器成比例的输出电压。

由图 2-15 可知，电荷放大器的输出电压

$$V_o = \frac{-AQ_a}{C_t + (1+A)C_f} \tag{2-7}$$

式中：$C_t = C_a + C_c + C_f$。

当运算放大器增益 A 足够大时，由于 $AC_f \geqslant C_t$，所以得到电荷放大器的输出电压为

$$V_o = \frac{-Q_a}{C_f} \tag{2-8}$$

从式(2-8)可以看出，电荷放大器的输出电压与输入电荷成比例，输入电荷量与传感器收到的物理量是直接关联的，比如传声器，接收到外界的声压之后，声压会转换成输入电荷，所以，传声器的输出电压与声压成比例，这个比例由反馈电容值决定，而输入电容值对输出电压值并不起作用，因此，改变电缆线长度并不影响系统的灵敏度。

2.3　声信号采集设备

在声学测量中，按照是否可以进行强度计算或者其他噪声分析，把常用的声信号采集设备

分为两大类:第一类是声卡、传声器、水听器,一般仅用它们进行声信号采集;第二类是不仅具有采集功能,还具有声信号分析处理功能的声级计、声强仪和多功能噪声分析仪等。

2.3.1 声卡

声卡也叫音频卡,是多媒体技术中最基本的组成部分,是实现声波、数字信号相互转化的一种硬件。声卡的基本功能是把来自话筒等设备的原始声音信号加以转换,输出到耳机、扬声器等设备。

声卡的工作原理如图 2-16 所示。无论是独立声卡,还是集成声卡,其基本架构和基本工作原理是相似的,简单地说包括输入和输出两部分。输入部分,麦克风接收外界声音产生模拟信号,模拟信号通过插座接口输入声卡进行模拟信号到数字信号转换,接着由主芯片进行数字信号处理,然后由总线传入系统。输出部分,播放器软件对声音解码后,所得到的数字信号通过总线通道输入声卡,主芯片对数字信号进行处理,然后进行数字信号到模拟信号的转换,最终通过插座接口输出到耳机或音箱等播放设备。在声学测量中,更多地是利用声卡的输入功能,将声信号采集到设备中,然后利用软件进行分析处理。

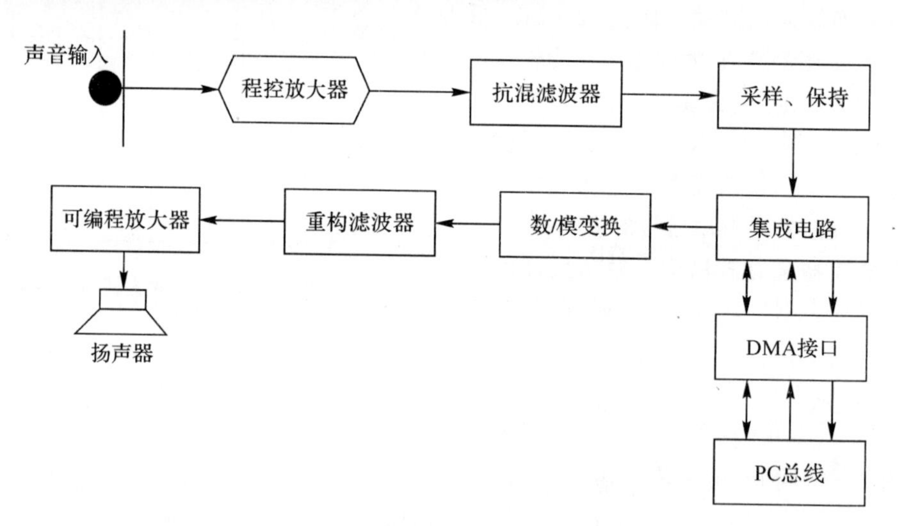

图 2-16 声卡工作原理图

声卡的技术指标有采样率、采样精度、失真度和信噪比。采样率指对原始声音波形进行样本采集的频繁程度,采样率越高,记录下的声音信号与原始信号之间的差异就越小。采样精度指对声音进行模/数变换时,对音量进行度量的精确程度,采样精度越高,声音听起来就越细腻。失真度是表征处理后信号与原始波形之间的差异情况,表示为百分比值,其值越小说明声卡越能忠实地记录或再现音乐作品的原貌。信噪比指有效信号与背景噪声的比值,用百分比表示,其值越高,则说明因设备本身原因而造成的噪声越小。

2.3.2 传声器

传声器是接收声波并将其转变成对应电信号的声电转换器件。按换能方式分类,有电动式传声器、电容式传声器、压电式传声器。按接收方式分类,有压强式传声器、压差式传声器、复合式传声器。按指向特性分类,有无指向性传声器、双指向性传声器、单指向性传声器。

动圈式传声器是一类常见的传声器，其构造如图 2－17 所示。外界声激励传声器的振膜发生振动，动圈与振膜粘在一起，振膜带动线圈在磁场中运动，切割磁力线产生感应电动势(电动势的大小与振膜振动的幅度和频率直接相关)，从而将声音转换为电信号输出。动圈式传声器的特点是固有噪声小，输出阻抗低，可直接连接衰减器和放大器，但体积大，频响不平，易受电磁干扰。

电容式传声器是另一类常见的传声器，其构造如图 2－18 所示。其中后板和振膜构成一个电容，声波引起振膜振动，电容的电容量发生变化，相应的电容阻抗变化，表现为电位变化。将电位变化输入前置放大器，放大输出后为音频电信号。此类传声器的优点是频率范围宽，频率响应好，灵敏度变化小，长期稳定性好，体积小等，缺点是内阻高，需要加极化电压。

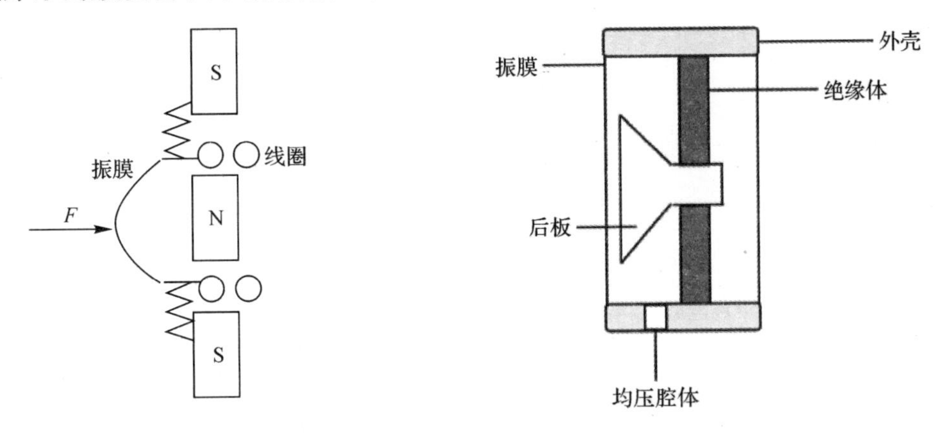

图 2－17　动圈式传声器构造图　　图 2－18　电容式传声器构造图

需要注意的是，电容式传声器是一种精密测量器件，振膜一般由镍做成，厚度为几微米至几十微米，后板与外壳材料为不锈钢，绝缘体为玻璃或石英，均压腔体用来保持传声器后腔与外面大气平衡，这样可避免大气压力变化时，传声器膜片凸起或凹下而造成灵敏度变化或损坏传声器。一般情况下不要打开传声器前面的保护罩，切忌用手或其他东西去碰传声器振膜，同时避免传声器受潮，否则容易造成打火击穿。

还有一类叫作测量传声器的传声器，它们是在声学研究中常采用的在规定工作条件下已知其灵敏度响应的高精度传声器。与普通传声器不同，对于测量传声器，人们更关注下列技术特性：灵敏度、灵敏度频率响应、非线性畸变、指向特性以及与使用有关的一些参量，例如传声器的直径、动态范围和输出阻抗等。以下简要介绍。

(1)灵敏度。传声器灵敏度是传声器输出电压与有效声压之比，即膜片上受到单位声压作用时，其开路输出电压的大小。传声器灵敏度的高低主要受传声器的尺寸和膜片张力的影响。通常，大尺寸传声器膜片张力小，振动幅度更大；小尺寸传声器膜片更刚，灵敏度更低。传声器的灵敏度有多种分类：第一种是空载灵敏度和负载灵敏度；第二种是声压灵敏度和声场灵敏度；第三种是自由场灵敏度、压力场灵敏度和随机场灵敏度。声压灵敏度和声场灵敏度分别按以下两式计算：

$$\text{声压灵敏度} = \frac{\text{输出电压}}{p_d} \tag{2-9}$$

$$\text{声场灵敏度} = \frac{\text{输出电压}}{p_j} \tag{2-10}$$

声压灵敏度是传声器输出电压与实际作用到传声器的有效声压 p_d 之比，而声场灵敏度是传声器输出电压与传声器放入声场前该点的有效声压 p_j 之比。

(2)灵敏度频率响应。在指定条件下，传声器在恒压声场和给定入射角的声波作用下，其灵敏度和频率的关系称为灵敏度频率响应。按照声场特性可以分为声压灵敏度频率响应、自由场灵敏度频率响应等。传声器的频率响应则是指它在0°主轴上灵敏度随频率而变化的情况。图 2-19 所示为 B&K4188 型传声器的频率响应曲线。可以看出，传声器在 10Hz～10kHz 内频率响应曲线平直，说明在这个频率范围内，传声器性能良好。

(3)指向特性。传声器灵敏度随声波入射方向变化的特性称为灵敏度指向特性。声波以角 θ 入射时和轴向入射($\theta=0°$)时传声器灵敏度 E 的比值称为灵敏度指向性函数 R_θ，常用指向性特性图描述。

$$R_\theta=\frac{E_\theta}{E_0} \tag{2-11}$$

图 2-20(a)(b)所示分别为 1in(1in=2.54 cm)和 1/2in 测量传声器的灵敏度指向性特性图。

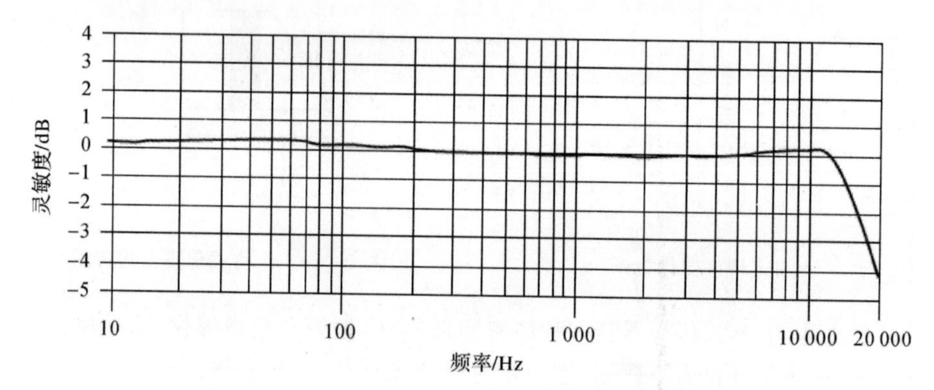

图 2-19　B&K4188 型传声器的频率响应曲线

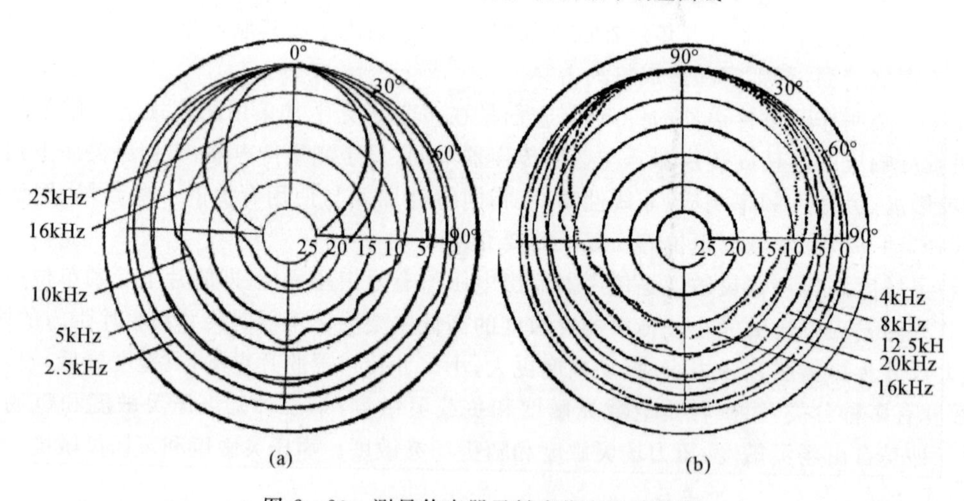

图 2-20　测量传声器灵敏度指向性特性图

(4)等效噪声级。在没有声波作用到传声器时，由于周围空气压力的起伏和传声器电路的热噪声，在传声器前置放大器输出端引起一定的噪声电压，称为固有噪声。固有噪声决定传声器所能测量的最低声压级，通常用等效噪声级来描述。假设一声波作用于测量传声器，它所产生的输出电压和传声器固有噪声电压相等，那么这一声波的声压级就等值于传声器的等效噪声级，通常用 A 声级表示。电容传声器的等效噪声级不大于 20dB(A)。

(5)最高声压级和动态范围。在强声波作用下，传声器的输出会产生非线性畸变。当非线性畸变达到 3%时，规定此时的声压级为传声器能测量的最高声压级。测量传声器能够测量的声压大小，上限受非线性畸变限制，下限受固有噪声限制。因此，最高声压级减去等效噪声级就是测量传声器的动态范围。

由多个测量传声器组成的声阵列，可用于声源定位、声音识别等领域。声传感器阵列可应用于声相仪。声相仪又名声学照相机，是用眼睛“看”声音的设备。利用传声器阵列声成像测量声场分布，声像图与视频图像透明叠加，直接分析噪声状态，用于测量物体发出声音的位置和声音辐射的状态。

图 2 - 21 所示为一个典型的球形传声器阵列，图 2 - 22 所示为用声相仪采集到的风扇噪声声场。

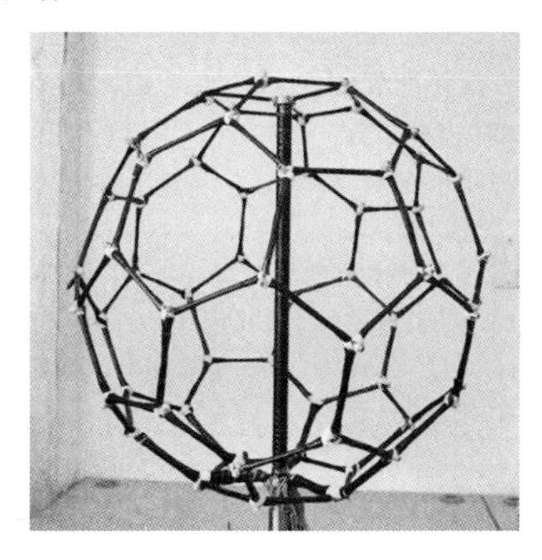

图 2 - 21　球形传声器阵列

图 2 - 22　风扇噪声声场

由于空气质量不稳定，为了保证传声器金属膜片接收的空气振动波信号的准确性，在使用传声器前，必须对传声器灵敏度进行调整，这个过程就是传声器校准。校准误差不能超过 0.5dB，否则需要重新测量。

校准传声器的常用方法有耦合腔互易法(声压灵敏度校准)、自由场互易法(声场灵敏度校准)、活塞发声器法、标准声源法和声级校准器法。其中前两种属于实验室校准，后三种属于现场校准。目前，国际标准化组织已建议采用耦合腔互易法作为传声器绝对校准的标准方法。以下对耦合腔互易法、活塞发声器法和声级校准器法做介绍。

(1)耦合腔互易法。如图 2 - 23 所示，在耦合腔互易校准中，可以用三个传声器，其中两个传声器必须是可逆的。或者用一个辅助声源和两个传声器，其中一个传声器也必须是可逆的。

校准步骤：

1)将传声器 1、传声器 2 放入耦合腔；

2)将传声器 3、传声器 2 放入耦合腔；

3)将传声器 3、传声器 1 放入耦合腔。

其中耦合腔越小，校准频率就越高。

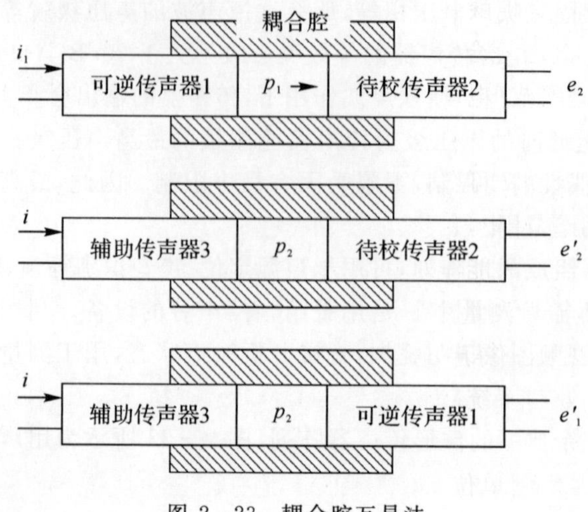

图 2-23　耦合腔互易法

(2)活塞发声器法和声级校准器法。利用活塞发声器进行声学校准，活塞发声器会发出250Hz、124dB的标准声音。如果是声级计的话，声级计计权开关应置于“线性”或“C”计权位。因为声级计“线性”和“C”计权在250Hz处的频率响应是平直的，所以调节声级计的“校准”电位器，使其读数刚好是124dB。

声级校准器法与活塞发声器法的不同之处在于，声级校准器的发声频率是1kHz。对于外径为1in或ϕ24mm的电容传声器，校准值为93.6dB；对于外径为1/2in或ϕ12mm的电容传声器，校准值为93.8dB。在1kHz处，声级计任何计权与线性响应，灵敏度都相同。校准时，调节声级计“校准”电位器，使声级计读数是(94±0.3)dB。

各种测量传声器校准方法比较见表2-2。

表 2-2　各种测量传声器校准方法比较

校准方法	校准准确度
耦合腔互易法	低频和中频为0.05dB，高频为0.1dB
自由场互易法	中频为0.1dB，20kHz时为0.2dB
活塞发声器法	250Hz，124dB，±0.15dB
静电激励器法	±0.15dB
声级校准器法	1kHz，94dB，±0.3dB
高声强传声器校准器法	<1kHz，164dB，±1.5dB

2.3.3　水听器

将水声信号转换成电信号的换能器叫作水听器，也称水声换能器。水下的探测、识别、通信，以及海洋环境监侧和海洋资源的开发，都离不开水听器。水听器与传声器在原理、性能上有很多相似之处，但由于传声媒质的区别，水听器必须有坚固的水密结构，且须采用抗腐蚀材料的不透水电缆等。水听器的基本构造如图2-24所示，其中FBG为光纤布拉格光栅的英文缩写。

根据使用材料不同，水听器可分为压电式（压电材料有硫酸锂单晶体、偏铌酸铅或锆钛酸铅一类的压电陶瓷，后来又出现复合压电材料 PVDF 薄膜制作的水听器）、动圈式（电动式）、磁致伸缩式和光纤式。

根据用途不同，水听器又可分为标量水听器和矢量水听器。在声场测量中，传统方法是采用标量水听器（声压水听器），只能测量声场中标量参数（声压）。矢量水听器可测量声场中的矢量参数（声压和质点振速），以便获得声场的矢量信息，这样，才能有助于信号处理系统获得更有价值的信息，并作出正确的判断。

国内有许多水听器研制单位，研制出了许多性能优良的水听器，广泛用于水中通信、探洲、目标定位、跟踪等。图 2－25 所示为杭州应用声学研究所研制的 RHS 系列、RHC 系列水听器。不同型号的水听器，工作频率和电压灵敏度都不一样，用户可根据不同需求，选择不同的型号。RHS 系列水听器的技术参数及特点见表 2－3。

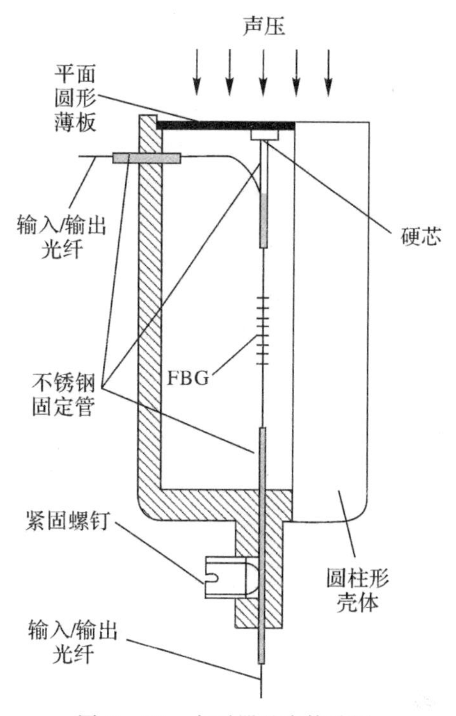

图 2－24　水听器基本构造图

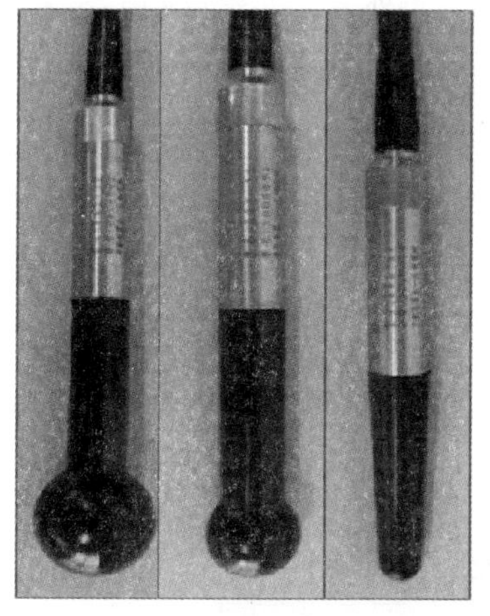

(a) RHS系列

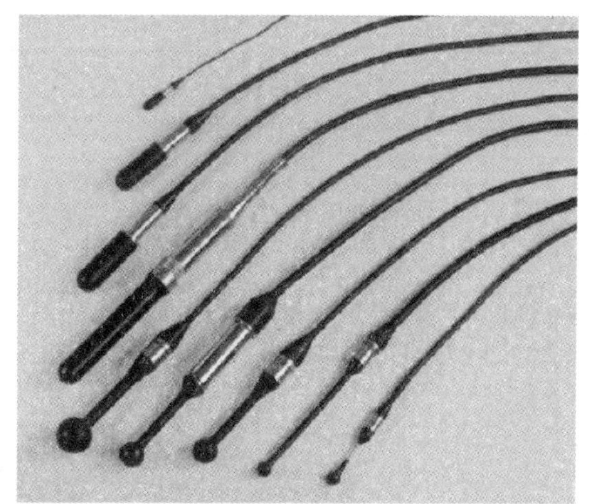

(b) RHC系列

图 2－25　杭州应用声学研究所研制的水听器

表 2－3　RHS 系列水听器的技术参数及特点

型号	外形尺寸	工作频率	线性频率	电压灵敏度	特　点
RHS－10	ϕ18mm×145mm	1kHz～200kHz	1kHz～100kHz	－210dB	具有良好的水平、垂直指向性，频率范围宽，主要用于高频水声测量

续表

型号	外形尺寸	工作频率	线性频率	电压灵敏度	特 点
RHS-15	ϕ23mm×95mm	20Hz～150kHz	1kHz～80kHz	Ⅰ型：-201dB Ⅱ型：-205dB	具有良好的水平、垂直指向性，频率范围宽，用于中高频水声测量
RHS-20	ϕ27mm×150mm	20Hz～100kHz	20Hz～50kHz	Ⅰ型：-198dB Ⅱ型：-202dB	水平、垂直无方向性，具有较高的电压灵敏度，良好的稳定性，适合用作标准水听器
RHS-30	ϕ36mm×158mm	20Hz～50kHz	20Hz～20kHz	Ⅰ型：-193dB Ⅱ型：-197dB	无方向性，具有较高的电压灵敏度和高的信噪比，适合用作标准水听器
RHSA-10	ϕ18mm×145mm	1kHz～200kHz	1kHz～100kHz	由元件的灵敏度和前置放大器的增益共同决定	内置低噪声前置放大器，适合长距离信号传输，主要用于高频水声测量
RHSA-20	ϕ27mm×150mm	20Hz～100kHz	20Hz～50kHz	由元件的灵敏度和前置放大器的增益共同决定	内置低噪声前置放大器，灵敏度可以根据需要调节，适合水下长距离信号传输
RHSA-30	ϕ36mm×150mm	20Hz～50kHz	20Hz～20kHz	由元件的灵敏度和前置放大器的增益共同决定	内置前置放大器，灵敏度可以根据需要调节，适合水下长距离信号传输

和传声器一样，水听器应用中也有阵列——光纤水听器阵列，它是一种建立在光纤、光电子技术基础上的水声信号传感器。它通过高灵敏度的光学相干检测，将水声信号转换成光信号，通过光纤传至信号处理系统提取水声信息。它具有灵敏度高、频响特性好、阵列规模大和传输距离远等特点。光纤水听器阵列主要用于海洋声学环境中声传播、噪声、混响、海底声学特性、目标声学特性等探测，也是现代海军反潜作战、水下兵器试验、海洋石油勘探等方面的先进探测仪器。图 2-26 为光纤水听器阵列水下目标探测示意图。

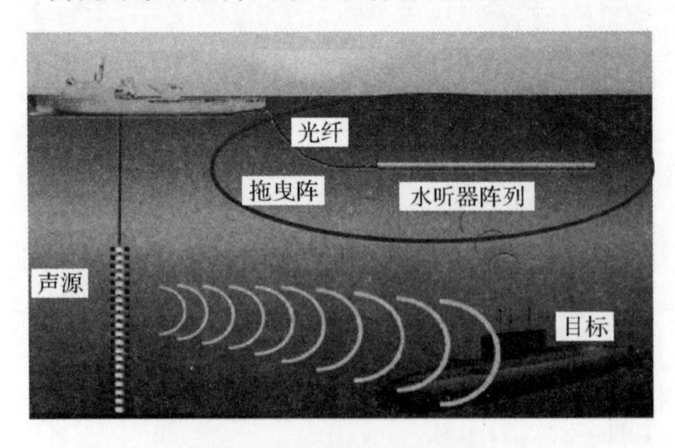

图 2-26　光纤水听器阵列水下目标探测示意图

2.3.4　声级计

声级计(Sound Level Meter,SLM),也叫噪声计,是一种按照一定的频率计权和时间计权测量声音的声压级的仪器。它是声学测量中最常用的基本仪器,可广泛应用于环境噪声、机器噪声、车辆噪声及其他各种噪声的测量。

声级计按照精度可以分成四种基本类型,即 0、Ⅰ、Ⅱ、Ⅲ型。0 型为标准声级计,Ⅰ型为实验室用精密声级计,Ⅱ型为一般用途的普通声级计,Ⅲ型作为噪声监测的普查型声级计。四种类型声级计的差别是容许误差不同。在环境噪声测量中,主要使用Ⅰ型(精密型,基本误差为±0.7dB)和Ⅱ型(普通级,基本误差为±1dB)声级计。

声级计的工作原理为:由传声器将声音转换成电信号,再由前置放大器变换阻抗,使传声器与衰减器匹配;放大器将输出信号加到计权网络,对信号进行频率计权,然后再经衰减器及放大器将信号放大到一定的幅值,送到有效值检波器,在指示表头上给出噪声声级的数值。其中传声器、前置放大器、衰减器和电荷放大器在前面已经详细介绍了,此处再介绍下计权网络和滤波器。它们的作用是使声音的客观量度和人耳听觉感受近似取得一致,把电信号修正为与听感近似值的网络即为计权网络。声级计中包括 A、B、C、D 计权网络和 1/1 倍频程、1/3 倍频程滤波器,其中 A 计权声级应用最为普遍。在一般噪声测量中,1/1 倍频程或 1/3 倍频程带宽的滤波器就足够了。多数声级计还有“线性”挡,可测量声压级,用途更为广泛。表2-4对应于图 2-27 所示的计权网络在 10Hz～20kHz 频率范围内,1/3 倍频程中心频率处的修正值。

表 2-4　声级计频率计权

频率/Hz	A 计权	B 计权	C 计权	D 计权	频率/Hz	A 计权	B 计权	C 计权	D 计权
10	−70.4	−38.2	−14.3	−26.6	500	−3.2	−0.3	−0.0	−0.3
12.5	−63.4	−33.2	−11.2	−24.6	630	−1.9	−0.1	−0.0	−0.5
16	−56.7	−28.5	−8.5	−22.6	800	−0.8	−0.0	−0.0	−0.6
20	−50.5	−24.2	−6.2	−20.6	1 000	0.0	0.0	0.0	0.0
25	−44.7	−20.4	−4.4	−18.7	1 250	0.6	−0.0	−0.0	2.0
31.5	−39.4	−17.1	−3.0	−16.7	1 600	1.0	−0.0	−0.1	4.9
40	−34.6	−14.2	−2.0	−14.7	2 000	1.2	−0.1	−0.2	7.9
50	−30.2	−11.6	−1.3	−12.8	2 500	1.3	−0.2	−0.3	10.4
63	−26.2	−9.3	−0.8	−10.9	3 150	−1.2	−0.4	−0.5	11.6
80	−22.5	−7.4	−0.5	−9.0	4 000	1.0	−0.7	−0.8	11.1
100	−19.1	−5.6	−0.3	−7.2	5 000	0.5	−1.2	−1.3	9.6
125	−16.1	−4.2	−0.2	−5.5	6 300	−0.1	−1.9	−2.0	7.6
160	−13.4	−3.0	−0.1	−4.0	8 000	−1.1	−2.9	−3.0	5.5
200	−10.9	−2.0	−0.0	−2.6	10 000	−2.5	−4.3	−4.4	3.4
250	−8.6	−1.3	−0.0	−1.6	12 500	−4.3	−6.1	−6.2	1.4
315	−6.6	−0.8	−0.0	−0.8	16 000	−6.6	−8.4	−8.5	−0.7
400	−4.8	−0.5	−0.0	−0.4	20 000	−9.3	−11.1	−11.2	−2.7

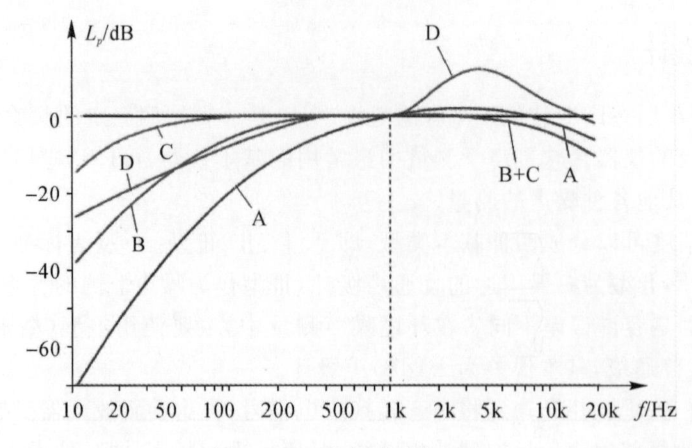

图 2-27　声级计计权网络

声级计除了有主机之外，还会配附件，主要有防风罩(见图 2-28)、鼻形锥和延长电缆。室外测量时，为避免风噪声对测量结果的影响，在传声器上罩一个防风罩，通常可降低风噪声 10～12dB。但防风罩的作用是有限的，如果风速超过 3 级(3.4～5.4m/s)，即使采用防风罩，风对不太高的声压级的测量结果仍有影响。

图 2-28　防风罩

若要在稳定的高速气流中测量噪声，应在传声器上装配鼻形锥，使锥的尖端朝向来流，从而降低气流扰动产生的影响。

测量精度要求较高或在某些特殊情况下，可用延长电缆连接传声器和声级计。延长电缆衰减小，可以忽略。但是如果接头与插座接触不良，将会带来较大的衰减，因此，需要对连接电缆后的整个系统用校准器再次校准。

2.3.5　声强仪

在声学测量中，由于声压测量的原理简单，操作方便，测量仪器也比较成熟，所以，一般情况下习惯测量声压(或声压级)，然后通过计算得到声强。但是，当声压测量受环境的影响(背景噪声、反射声)较大时，往往需要校正，有时候还需要在特定的声学设施(消声室、混响室)中进行。通过声强确定声功率则不存在以上问题，而且声强测量及其频谱分析对噪声源的研究有独特的优越性，能够有效地解决许多现场测量问题，因此成为声学研究的一种重要方法。

瞬态声强的时间平均即为平均声强矢量，即

$$\boldsymbol{I}=\frac{1}{T}\int_{T}\boldsymbol{I}_{\mathrm{i}}\,\mathrm{d}t=\frac{1}{T}\int_{T}p\boldsymbol{u}\,\mathrm{d}t=<p\boldsymbol{u}>_{t} \tag{2-12}$$

由式(2-12)可知，在通常情况下，声强值的确定需要测量声场中的声压与质点振速。因此，声强测量归结于如何测量声场中声压 p 和质点振速 $\boldsymbol{u}$。按质点振速测量方式，声强测量技术可分为两大类：直接测量技术——P-U 技术，间接测量技术——P-P 技术。

1. P-U 技术

图 2-29 为 P-U 技术声强仪原理构造图，图中 S 和 R 分别表示超声波束发射器和接收器，d 是发射器到接收器间距离。假定无声波时，两超声波束由发射器到达接收器的时间相

等，即

$$t_0 = d/c \tag{2-13}$$

当有声波入射时，在超声波经历路径上任一点，超声波传播速度为

$$v(x,t) = c \pm u_x(t) \tag{2-14}$$

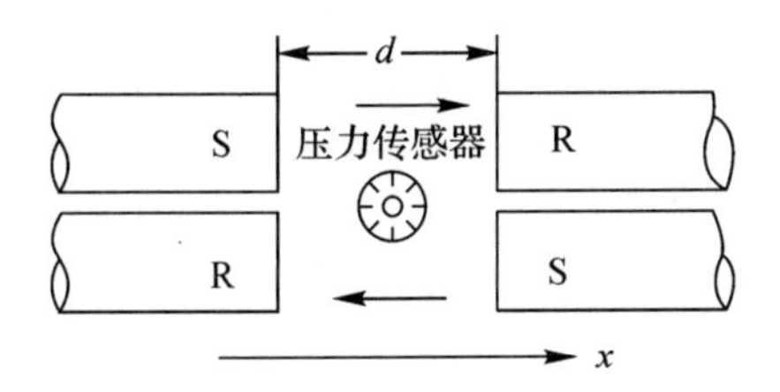

图 2-29　P-U 技术声强仪原理构造图

当 $d \ll \lambda$ 时，对于稳态声场，从发射器到接收器之间任一点的 $u_x(t)$，可以用传感器中心点处的质点振速在 x 轴上的分量 $u_x(x,t)$ 近似代替，故两超声波速经历间距 d 所需时间分别为

$$t_+ = \frac{d}{c+u_x} \tag{2-15}$$

$$t_- = \frac{d}{c-u_x} \tag{2-16}$$

因此，有时间差

$$\Delta t = \frac{d}{c-u_x} - \frac{d}{c+u_x} = \frac{2u_x d}{c^2 - u_x^2} \approx \frac{2u_x d}{c^2} \tag{2-17}$$

两超声波束到接收器时的相位差

$$\Delta\varphi = \omega_n \Delta t = \frac{2u_x \omega_n d}{c^2 - u_x^2} \tag{2-18}$$

当 $u_x \ll c$ 时，式(2-18)可化简为

$$\Delta\varphi = \frac{2u_x \omega_n d}{c^2} \tag{2-19}$$

由此得质点振速在声强仪轴向上的投影分量

$$u_x \approx \frac{c^2}{2d}\Delta t \tag{2-20}$$

2. P-P 技术

P-P 技术不同于 P-U 技术，图 2-30 为 P-P 技术声强测量原理图。根据有限差分原理，声场中某点 O 处沿 $\boldsymbol{l}$ 方向的声压梯度可以由在 $\boldsymbol{l}$ 方向上两相邻点(点 1 和点 2)的声压值近似估算。

当 $\Delta x \ll \lambda$ 时，O 点的声压为

$$p \approx (p_1 + p_2)/2 \tag{2-21}$$

根据运动方程，在声波传播方向上，根据质点振速与声压之间的关系，可以得到振速为

$$u_x = -\frac{1}{\rho_0}\int \frac{\partial p}{\partial t}\mathrm{d}t \tag{2-22}$$

假设 Δx 非常小，则有

$$\frac{\partial p}{\partial x} \approx \frac{p_2 - p_1}{\Delta x} \tag{2-23}$$

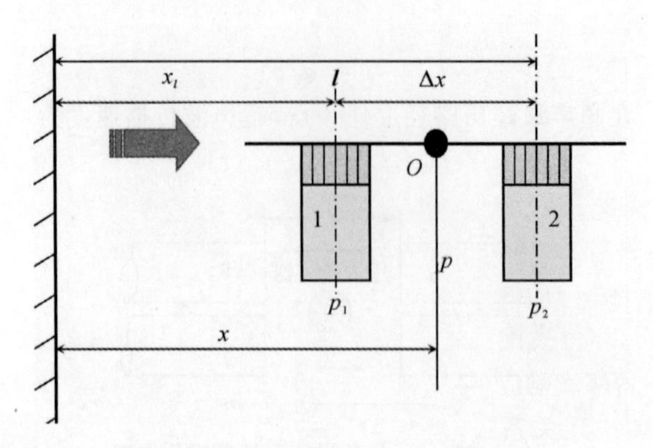

图 2-30　P-P 技术声强测量原理图

将式(2-23)代入式(2-22),得振速表达式为

$$u_x = -\frac{1}{\rho_0 \Delta x}\int (p_2 - p_1)\,\mathrm{d}t \tag{2-24}$$

因此,根据式(2-12),O 点处的声强为

$$I_x = -\frac{p_1 + p_2}{2\rho_0 \Delta x}\int (p_2 - p_1)\,\mathrm{d}t \tag{2-25}$$

目前,绝大多数基于 P-P 技术的声强仪采用双传声器即声强探头作为接收单元,其排列方式有图 2-31 所示的 4 种。无论哪种排列,要遵循的唯一原则是两传声器之间的距离 Δx 不能太大,一般应小于 $\lambda_{\min}/6$,$\lambda_{\min}$ 是最高分析频率所对应的波长。

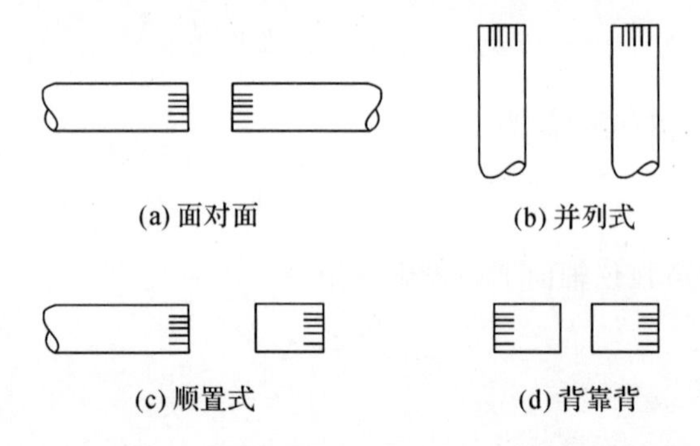

图 2-31　基于 P-P 技术的声强仪中声强探头排列方式

利用电子线路(见图 2-32)完成式(2-25)的运算,即可测出声强的平均值。

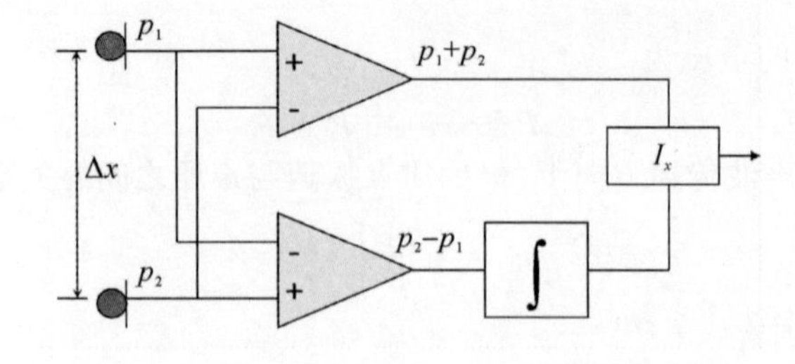

图 2-32　基于 P-P 技术的声强仪电路原理图

实际工程中人们感兴趣的往往是频率分布特性，获得声强频率分布特性的方法有直接法和间接法两种。直接法的测量步骤如下：

(1)用两个相同特性的滤波器将声强仪输出的两测量信号中不需要的频率成分抑制衰减掉。

(2)将两相同频率的测量信号相乘得到某频率的声强测量值。

(3)通过改变滤波频率上下限设置，重复测量即可得声强的频率分布函数。

间接法是对声强仪输出的信号进行 Fourier 变换，将时域信号转换成频域信号。

在声强测量过程中，相位失配是主要误差源之一，测量前应对声强仪进行相位和幅值校准。P－U 系统的传声器幅度响应可以用比较法或幅值校准器校准。速度传感器的幅值响应可以在自由球面声场中应用关系式 $u=p/\rho_0 c$，由测量的声压和质点振速的自谱密度函数来校准。

2.4 声学设施

某些声学测量必须有特殊的声学环境，如自由声场和扩散声场。消声室和混响室是声学测量的两类基本实验室。对于要求严格避免反射干扰的测量，必须在消声室内进行。在混响室内可以测量材料的吸声系数、金属板材的声致疲劳性能等。有些测量在消声室或混响室内都可以进行，如声源输出功率及其平均频谱测量等。目前由于采用数字技术，用脉冲法或声强法测量可以消除墙面反射的影响，因此，有些测量在普通大房间内进行而不再需要消声室。

2.4.1 消声室

消声室的主要功能是为声学测试提供一个自由场空间或半自由场空间。自由场是指声波在无限大空间里传播时，不存在任何反射体和反射面。声波在自由场或半自由场空间里传播有特定的物理定义，包括：① 对点声源，声压随距离衰减，这就是声能的反二次方律；② 声压级在常温常压下等于声强级，这是在消声室里测量声功率的理论基础。

自由声场要求声场中只有直达声而没有反射声。实际上，只要做到反射声尽可能小，和直达声相比可以忽略不计就可以了。获得自由声场的方法很多，例如，室外的空旷场所就是近似自由声场。使用这种近似自由声场的缺点是测量工作要受气候的影响。因此，一般都需要在房间内创造出具有自由声场特点的实验室，即消声室。

消声室分为全消声室和半消声室两种。房间的 6 个面全铺设吸声层的称为全消声室(见图 2－33)，一般简称消声室。凡要求测量误差比较小，如要求在±1dB 以内，或者有测量声源的方向特性等要求的，一般都在全消声室中进行。

房间的 6 个面中只在 5 个面或 4 个面铺吸声材料层的，称为半消声室(见图 2－34)。当被测噪声的机器很笨重，难以在全消声室中安放，而测量误差允许较大时，就设计半消声室来完成其测试工作。

消声室性能由两项重要指标来描述，即本底噪声和截止频率。根据《声学　噪声源声功率级的测定　消声室和半消声室精密法》(GB 6882—1986)，在测试频率范围内，背景噪声的声压级至少比被测声源的声压级低 6dB，最好低 12dB。消声室是要在室内模拟自由场或半自由场空间，所以要求墙面吸声系数为 99％以上。半自由场地面的反射系数为 95％以上。设计一种能做到全频带(20Hz～20kHz)的100%吸声体是不可能的,因为通用的材料对高频声波的吸收很容易,而对低频声波的吸收则和材料的厚度有关。截止频率是指在此频率以上,墙面的吸声系统能保证99%的吸声系数。

图2-33　全消声室

图2-34　半消声室

为了消除室内的反射声,消声室内除了没有障碍物外,室内各面(墙壁、天花板、地面)上都铺设高效能的吸声材料或采用吸声结构,使入射于界面上的声波在一定频率范围内几乎完全被吸收。为了消除外界的干扰,消声室必须有良好的隔声和隔振性能。这些是消声室的基本要求。

消声室最早出现在20世纪30年代,最初的吸声结构为多层吸声材料,有的与壁面平行地悬挂,并与壁面相隔一定距离,有的与壁面垂直地悬挂。1940年,梅耶等人首先提出并采用了逐渐过渡形式的棱锥形吸声体。这是吸声结构设计上的重大革新。此后,凡是高质量消声室的吸声体设计,从核锥体到圆锥体直到尖劈体,都是基于逐渐过渡的原理。以后的改进,主要在于吸声体底部与壁面间留有一定空间,以便产生适宜的共振来改进低频吸声特性。目前采用尖劈体作为吸声体的居多数。实际工程中的(半)自由场空间是指对截止频率以上的声波,消声室内为(半)自由场空间,截止频率越低,尖劈的长度要求就越大。一般而言,尖劈的长度适用于1/4波长。

吸声体的材料有很多,如棉、麻、毛等纤维以及石棉、矿渣棉、玻璃纤维、超细玻璃纤维以及泡沫塑料和人造纤维等。另外,在吸声材料中掺入石墨粉或钢棉以吸收厘米波或分米波,消声室即可作为电磁波的无反射室。

近年来,随着声学测量工作的大量增加,出现了造价低、施工简单,而测试误差允许稍大的简易消声室,有的是一个面或两个相邻面是反射面的半消声室。这些消声室的吸声体有的采用胶合玻璃棉或泡沫塑料的边角料,做成不十分整齐的阶梯形或宝塔形,也有的重新采用多层布幕的结构,这就满足了一般机器噪声功率测试的需要。

鉴定消声室内的声场是否是自由声场,主要是通过观察它与理想自由声场接近的程度来决定。一般用声压与点声源距离成反比的定律来检验,允许偏差约为±0.5dB。

2.4.2　混响室

混响声场有两种含义:一种是指扩散声场,另一种是指声源在室内稳定地辐射声波时,室内声场中离声源某个距离外混响声比较均匀的区域。扩散声场是指空间各点的声能密度均匀，从各方向到达某一点声能流的概率相同，并且各方向到达的声波相位是无规的。能够产生扩散声场的实验室就是混响室(见图 2－35)，它的吸声很小，混响时间很长，其内声波经过多次反射使声能分布均匀。在混响室中，不同位置的声压级几乎是恒定的。

在声学测量中，需要扩散声场条件的情况有：① 有些电声换能器需要知道它的扩散场灵敏度特性；② 声源输出功率的混响室测量中，需有扩散声场的假定，使声源功率级与室内声压二次方平均值和房间体积、室内吸收发生关系；③ 在混响室测材料吸声系数实验中，在声级衰减前和衰减过程中需要扩散声场的假定；④ 在隔层的透射损失的混响室法测量中，隔层两边都要满足扩散声场的假定；⑤ 某些高噪声环境下的实验研究。因此，建造混响室来获得扩散声场条件也是声学实验测试中的一个重要手段。

图 2－35　混响室

与消声室的壁面材料相反，混响室的各个壁面都是吸声系数很小的建筑材料。经常使用的材料有瓷砖、磨石子水泥、大理石、光面油漆、金属板等，并且具有良好的隔声、隔振性能。混响室可以采用不规则体型，以利声场扩散，如采用矩形房间，房间的长、宽、高不应有两个相等或成整数比。按《混响室内吸收系数的测量》(ISO/R 354—1963)的建议，混响室的体积应大于 $180m^3$，最好接近 $200m^3$。此外，室内最大线度(矩形房间的主对角线，不规则房间的最长对角线)不应大于 $1.9V^{1/3}$(V 为房间容积)。

为了使混响室的衰减声场有充分的扩散，并且在低频区域中的简正振动方式的特征频率分布较均匀，通常采取如下几种措施：

(1)混响室一般采用边长具有适当比例的长方体形状，例如 $l_x : l_y : l_z = 1 : 2^{1/3} : 4^{1/3}$。

(2)在壁面上设置固定的扩散元件。用凸半圆柱或半球体以及其他形状的扩散体。当声波波长与扩散体尺寸相近或比它小时，扩散体就能起扩散作用。壁面扩散体必须足够刚硬坚实，否则由于低频振动会引起不希望的附加吸收。

(3)在室内悬吊扩散板。在室内空间无规律地悬吊一系列面积不同、本身吸收不大的弧形板。国际标准曾建议弧形板可由数毫米厚的胶合板或其他质地坚硬、表面光滑的板材制成，每块板的面积为 $0.8 \sim 2.0m^2$(双面为 $1.6 \sim 4.0m^2$)。板的总面积约等于房间的地面面积，并使各个面的投影面积大致成比例。当扩散板尺寸与声波的波长相等或比之大时，能起较好的扩散作用。但也要防止扩散体本身的共振吸收。

(4)室内安装旋转扩散体。改进声场扩散比较有效的方法是在室内采用锥体的一部分做成旋转扩散体。扩散体的最小线度至少要等于最低工作频率的波长，并且扩散体要足够重，才能对最低频率起扩散作用。扩散体不要对称，其旋转速度要快到足以使接收信号有良好的平均，但一般不超过 30r/min，要防止因旋转带来的噪声。

鉴定混响室的方法是测量声场的衰变曲线。混响声场各点的混响时间应该相同，衰变曲线虽有起伏，但接近指数衰减律，各点的声压也应均匀。一般说来，混响室的混响时间越长越好。

2.5 实验示例

2.5.1 两种发声设备的制作

实验目的是通过自制电动式纸盆扬声器，进一步熟悉常用声发射设备——扬声器的发声原理。

需要准备的实验材料和工具：一次性纸盘子或者纸杯子 1 个，磁铁 10 块以上（直径 12mm、厚度 5mm），漆包线 5m 以上，不带麦的“单晶铜”耳机成品线 1 根，硬纸片 3 张，双面胶，万用表，镊子、剪刀等常用五金工具。

具体实验步骤：

（1）用万用表检查耳机线是否通路。

（2）耳机插头有 3 个触点，一个接左声道，一个接右声道，一个是公共端。导线一共有 4 根，把左声道和右声道的拧在一起，公共端的两根拧在一起，这样就有了 2 个接头。

（3）把磁铁用双面胶带粘在纸盘子的背面正中，用硬纸片卷一个纸筒，直径要略大于磁铁，一端用漆包线绕圈。用万用表量线圈，电阻值在 3Ω 的线圈匝数最合适。

（4）把线圈粘在一块木板中央，两侧各粘一块折成 M 形状的纸片。纸片的作用是支持纸盆，折成 M 形状是为了增加弹性。

（5）把纸盆粘在 M 形支架上，让磁铁正好在线圈的中央，但是不能碰到线圈。把线圈两端漆包线刮掉，分别与耳机的两根连线相连，自制的扬声器完成。

2.5.2 扬声器电声参数测量

实验目的是熟悉扬声器工作原理和描述扬声器性能的常用电声参数，掌握扬声器电声参数的测量方法。

主要参考标准：《扬声器主要性能测试方法》（GB/T 9396—1996）、《扬声器系统电声参数测试方法（暂行）》（SJ 1129—1977）。

所需的实验仪器和环境有：混响室、半消声室、声级计或者多功能噪声分析仪、声级校准器、扬声器、功率放大板 TDA7297、蓄电池（12V，7.2Ah）、万用表、大电阻（阻值大于 10 倍扬声器标称电阻）。

实验内容：

（1）在混响室，频率 20Hz～20kHz 范围内，以 1/3 倍频程的形式，使用恒压法，测量扬声器的阻抗曲线。

（2）在半消声室，频率 20Hz～20kHz 范围内，以倍频程的形式，测量扬声器的频率响应和指向性。

扬声器的阻抗曲线、频率响应和指向性的测量方法如下：

1. 阻抗曲线的测量

采用恒压法，信号发生器发出恒定的电压和正弦信号。测试系统如图 2-36 所示。

图 2-36 中，U_0 为恒定值，$i=(U_0-U_i)/R$ 为通过电路的电流。R_{od} 为扬声器直流电阻，$Z=U_i/i$ 为需要测试扬声器的阻抗值。

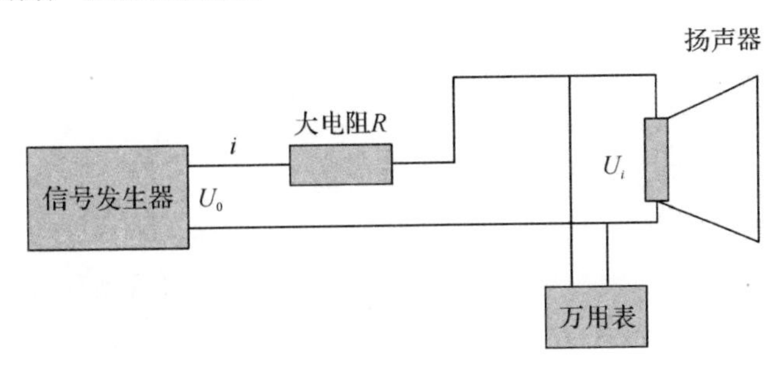

图 2-36　恒压法测试阻抗曲线

首先，用万用表测量扬声器的直流电阻和大电阻的阻值；然后，按照图 2-36 搭建测量系统；接下来，保证信号发生器输出电压恒定时，用万用表（毫伏级电压挡）测量 20Hz～20kHz 频率范围内 1/3 倍频程频率处的扬声器两端的电压值；最后，根据测量数据计算扬声器的阻抗值，并画出阻抗曲线图。

2. 频率响应的测量

扬声器的频率响应是指当馈给扬声器以恒定电压时，在参考轴上所辐射的声压随频率变化的曲线。

在自由场或者半自由场，采用恒压法，测试传声器应放在参考轴上，用正弦信号或者粉红噪声信号。测试时馈给扬声器的电压应相当于在标称电阻 R_0 上耗散 1W 功率的电压，功率与电压、电阻之间的关系：

$$U^2 = P \cdot R \tag{2-26}$$

测试系统如图 2-37 所示。

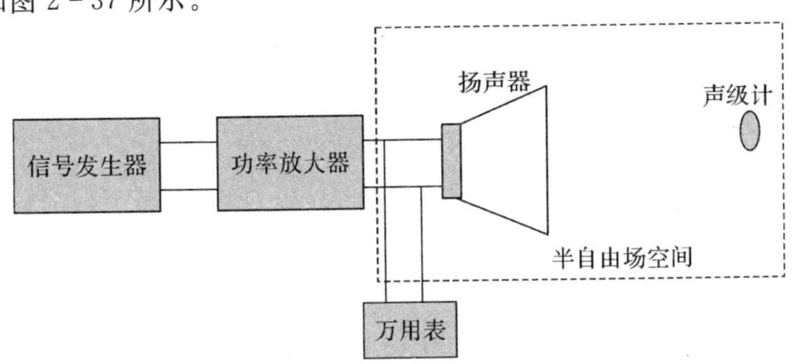

图 2-37　频率响应测试系统

3. 指向性的测量

扬声器的指向性是指扬声器在自由场内向空间辐射声波时，在相同半径上声压与传播方向的关系。在偏离参考轴指定范围内的不同角度上测出声压频率特性曲线，用转台在指定频率上测出指向性图形。测试系统如图 2-38 所示。如果不使用转台，测试系统与图 2-37 基本一致，区别在于需要人为在一个圆周线布置若干测点。

实验中需要注意的事项：

(1)参考点由制造厂规定并加以说明，如无规定，则取高音辐射平面中心。

(2)参考轴取通过参考点垂直于扬声器系统辐射平面的那一条线。

(3)测量阻抗曲线时至少应覆盖扬声器的有效频率范围,建议选择 20Hz～20kHz。

(4)除非特别说明,测试时扬声器单元一般不带障板。

(5) 测量传声器距离扬声器的距离参考《扬声器主要性能测试方法》(GB/T 9396—1996) 8.1 节。若使用单个扬声器单元,应使用 1m 作为测量距离;若测试环境条件不满足,推荐使用 0.5m 或者 1m 的整数倍,所得结果应换算到标准距离 1m 处。

(6)测量时保证距离扬声器前方 0.3m 的范围内无反射体。

(7)如果进行频谱分析,应使用中心频率 31.5Hz～8kHz 的倍频程或者 1/3 倍频程;读取频率平均值的观察时间,对于中心频率在 200Hz 及以上频率者为 10s,对于中心频率在 160Hz 及以下者为 30s。

(8)声级计在第一次校准后,如果不变更使用条件,则可以不再校准;如若校准,对于 I 型声级计,每次校准值之间的差值不能超过 0.3dB。

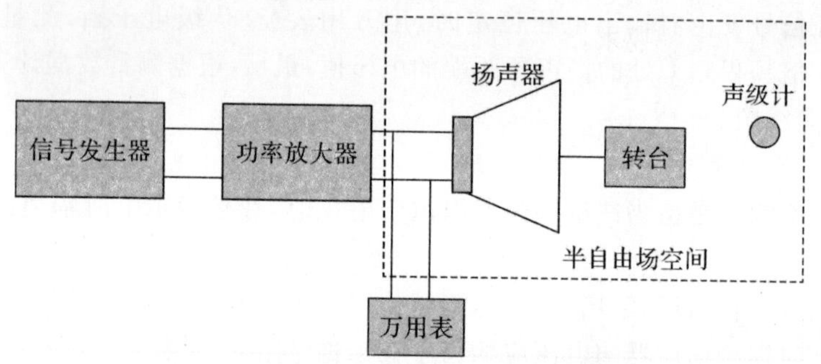

图 2-38 指向性测试系统

图 2-39 所示为一个普通小型扬声器的阻抗曲线测试结果,可以得到谐振频率为 155.5Hz,最大阻抗为 20.4Ω,品质因数为 3.24。

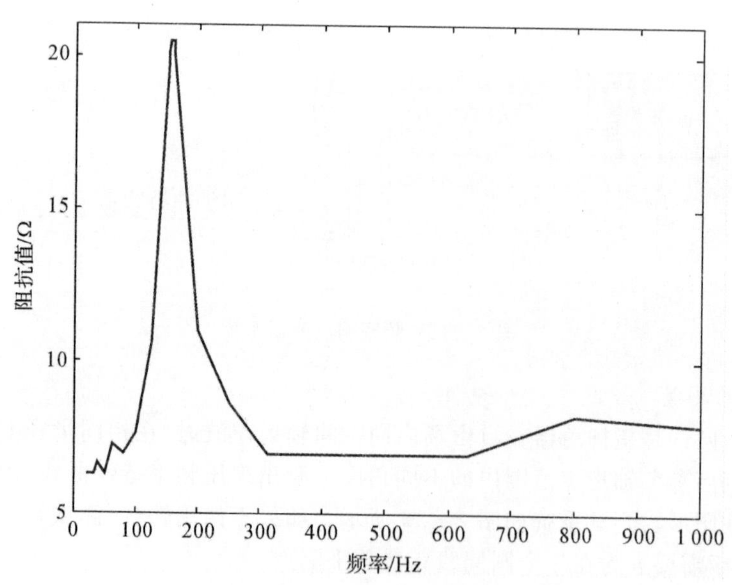

图 2-39 扬声器阻抗曲线测试结果

2.5.3　薄板结构激振与拾振

实验目的是通过测量薄板结构在力激励下的振动响应，掌握功率放大器和电荷放大器的工作原理及使用方法。

需要的实验仪器和设备：信号发生器、功率放大器、激振器、加速度计（至少 2 个）、电荷放大器、示波器、薄板（1 块）、通用计算机。

GF－10 型功率放大器如图 2－40 所示，具体使用方法如下：

（1）准备：将双头 Q9 线的一头连接功率放大器输入端，另一头连接信号发生器；电源插头接 220V（±10%）电源，增益旋钮逆时针旋到底；激振器与输出端相连接。电源开关处于关断状态。

（2）开启：准备工作完毕后开启电源开关，电压、电流显示窗点亮。约 30s 后，可听到机内继电器闭合的声音，此时功率放大器处于正常状态。

（3）预热：功率放大器须预热 5min 左右后方可正常使用。

（4）调谐：依据工作实验要求，顺时针旋转增益旋钮，根据面板电压表指示，调谐达到负载所需功率。

（5）散热：实验结束，增益旋钮逆时针旋转到最低，方可关闭电源开关。

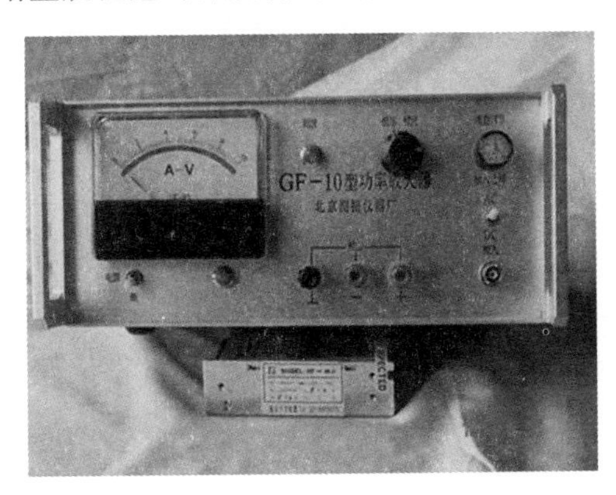

图 2－40　GF－10 型功率放大器

SD1434 型电荷放大器如图 2－41 所示，具体使用方法如下：

（1）连接好输入/输出信号线。

（2）配合其他仪器，其他仪器的增益旋钮调到最低。

（3）接通电源，打开开关。

（4）设置灵敏度、测量物理量旋钮和放大倍数。例如，所使用传感器的灵敏度为 $25.8\mathrm{pC/(m \cdot s^{-2})}$，将传感器灵敏度拨码开关上的数字设置成 2－5－8。首先，应将“功能选择”旋钮置于所需要测量的物理量位置上。其次，将“输出 $\mathrm{mV/(m \cdot s^{-2})}$”旋钮的挡位放置在“31.6”，这时仪器的输出在该挡时为 $31.6\mathrm{mV/(m \cdot s^{-2})}$，即每输出 31.6mV 为 $1\mathrm{m/s^2}$。

实验内容：

（1）利用信号发生器、功率放大器和激振器搭建激振系统，利用不同的信号、不同的功率放大倍数激励薄板。

（2）利用加速度计、电荷放大器和示波器搭建拾振系统，调节电荷放大器放大倍数，在示波器中显示不同信号、不同功率放大倍数下的薄板振动响应。

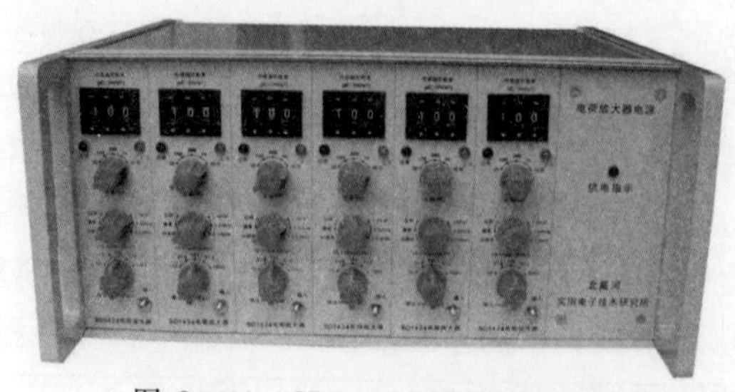

图 2-41 SD1434 型电荷放大器

实验步骤：

(1)按照图 2-42 所示搭建实验系统。

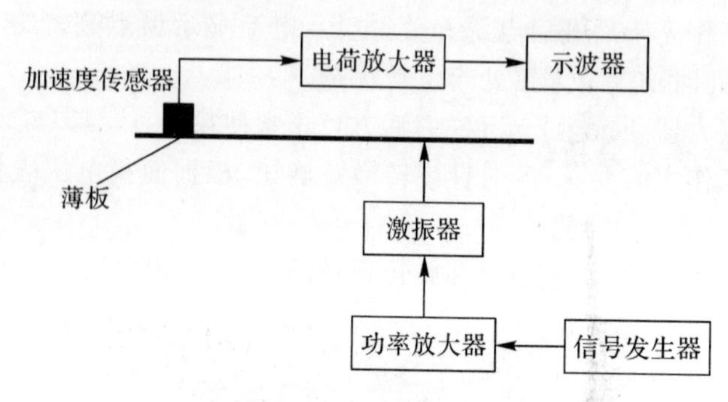

图 2-42 实验系统

(2)信号发生器输出端接功率放大器的输入端。

(3)功率放大器输出端接激振器。

(4)激振器的激振杆连接薄板，连接方式可以选择直接用螺栓安装在薄板表面，或者与薄板表面通过绝缘螺栓或者云母片绝缘相连，或者通过磁铁与薄板(铁质)表面磁性相连，再或者用黏结剂黏结。

(5)将功率放大器的增益旋钮逆时针方向旋转到底。

(6)加速度传感器接电荷放大器的输入端。

(7)电荷放大器的输出端接示波器输入端。

(8)设置电荷放大器的灵敏度和放大倍数，电荷放大器 SD1434 的面板如图 2-43 所示。电荷放大器拨码开关对应的数值即为传感器的电荷灵敏度，为电荷放大器的输入灵敏度；根据所使用的传感器类型，选择位移或速度或加速度；电荷放大器的输出灵敏度与其增益调节旋钮的挡位有关系。增益调节旋钮。共有五挡，即 10(0dB)、31.6(10dB)、100(20dB)、316(30dB)、1 000(40dB)，如果选择加速度，对应各挡位的每个加速度的输出为 10mV、31.6mV、100mV、316mV、1 000mV。如果输入电荷灵敏度拨码开关与实际传感器灵敏度一致，那么，输出电压灵敏度均是归一化的，即电荷放大器输出归一化数值。

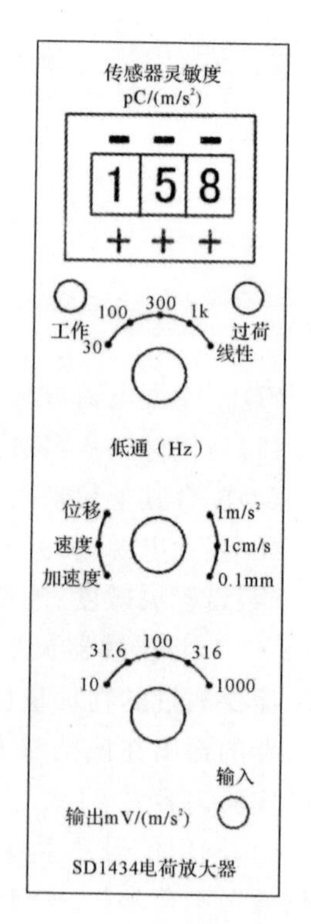

图 2-43 电荷放大器 SD1434 面板

(9)依次打开信号发生器、功率放大器、电荷放大器和示波器电源开关。

(10)在信号发生器中选择不同的信号源类型和频率范围。

(11)顺时针旋转功率放大器增益旋钮,逐渐增大放大倍数。

(12)在示波器中显示并对比不同放大倍数下的输出电压峰峰值,对比不同信号类型下的输出波形。

实验过程中需要注意的事项:

(1)实验结束,功率放大器增益旋钮逆时针旋转到最低,方可关闭电源开关。

(2)切换信号类型时,要先将增益旋钮逆时针旋到最低。

(3)测试过程中,如果需要更换传感器,必须关闭电源。

(4)仪器过载灯亮时,仪器输出已超过 10V 峰值,信号已经失真,这时应减小输入信号或降低放大倍数,使过载灯灭。仪器长时间过载会损坏电路。

2.5.4　多功能噪声分析仪的使用

实验目的是通过使用多功能噪声分析仪 AW6288,熟悉声级计和多功能噪声分析仪的构造、原理和使用方法。

所使用的多功能噪声分析仪型号为 AW6288,图 2-44 所示为其外观组成,图 2-45 所示为其按键面板每个按键的功能。

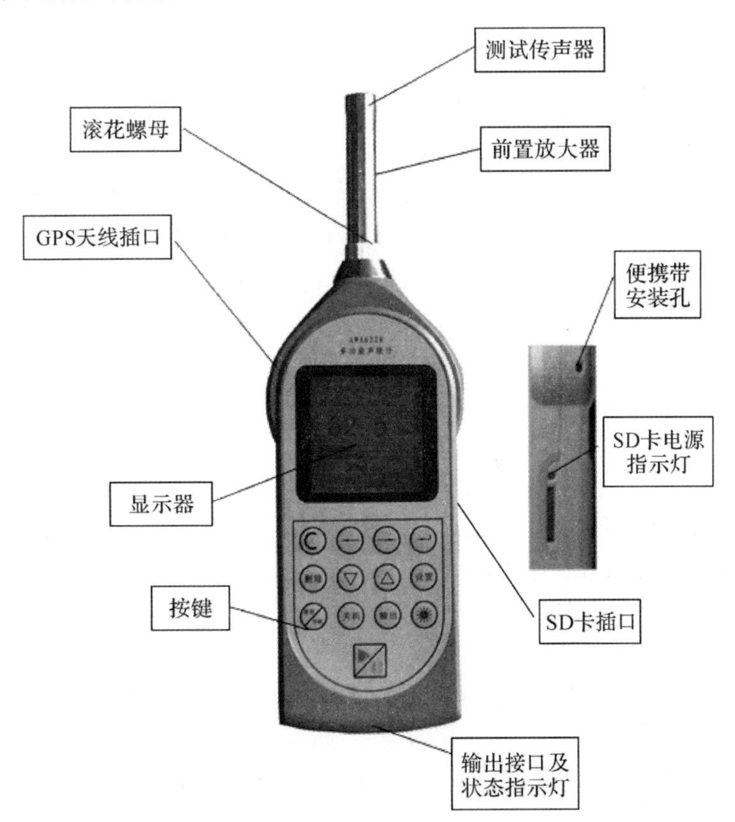

图 2-44　多功能噪声分析仪 AW6288 的外观组成

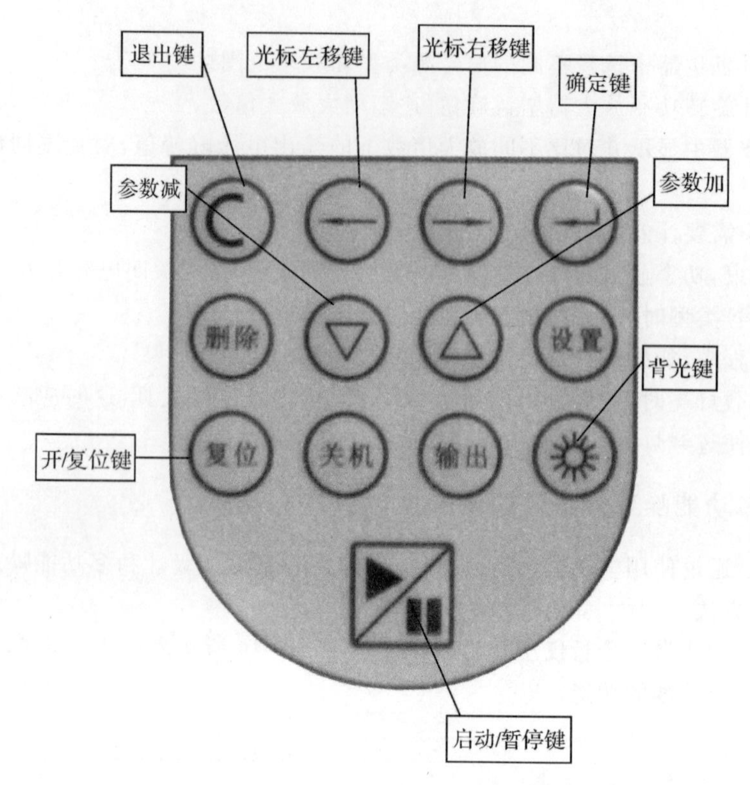

图 2-45　多功能噪声分析仪 AW6288 按键功能

AW6288 的工作温度范围为－10～50℃，测量应在无雨雪、无雷电的天气，风速为 5m/s 以下时进行。

按下仪器开/复位键，移动光标到“设置”菜单上，按确定键进入参数设置：

(1)日历时钟调整。将光标移到调整日历时钟处按确定键调整。每月至少让仪器开机工作 8h 以上，以便为内部后备电池充电，确保时钟显示的准确性。

(2)测量时间设置。将光标移到测量时间的 h，m，s 上，用参数键任意设置测量时间。

(3)组名(测点名称)输入及选择。将光标移到“组名”处，按下确定键进入组名(测点名称)编辑界面，为每个测量结果编辑不同的组名(测点名称)，任意输入英文或中文。

(4)统计用频率计权的选择。在启动分析统计之前，可以改为对所需频率计权或时间计权进行统计分析。

(5)LCD 显示对比度调节。在主菜单下按下参数键对 LCD 显示器的对比度大小进行调节，也可进入参数设置菜单，将光标移到“对比度”上，按参数键进行调节。

使用前应对多功能噪声分析仪的传声器进行声校准。使用 AWA 6221B 型声级校准器或其他同类型声级校准器，要求声级校准器的工作频率为 1 000(1±1%)Hz，谐波失真小于 1.5%。

将 AWA6221B 型声级校准器套到传声器上，打开电源，稳定几秒后，将仪器的光标移到“校准”按钮上，按下“确定”键，仪器开始自动校准。在“LC”后显示声压级，在“Lpx”后显示灵敏度级。在显示器的左上角显示一个数值，从 0 跳到 9 后停下来。将光标移到“应用”按钮上，按下分析仪面板上的“确定”键。

若新校准出的灵敏度级与上一次保存的灵敏度级相差 3dB 以上，则仪器提示“两次灵敏度级相差超过 3dB，不能保存。再次确认校准无误。”应检查传声器是否损坏。

以下为噪声测量的具体步骤：

(1)噪声单次测量。

1)按标准要求在参数设置界面下设定好测量时间，根据需要设定好统计用频率计权、组名、打印功能、短信发送、启动方式等参数。

2)进入测量菜单，将光标移到显示器最后一行的菜单条上，将第一个菜单项改为“噪声”，第二个菜单项改为“单次”，进入单次测量界面，按下启动/暂停键开始测量。仪器启动测量后同时计算所有测量指标，可在不同的显示内容和显示模式下切换。

3)测量过程中按下启动/暂停键可暂停测量，按输出键可停止测量并保存当前测量结果；如果需停止测量并清除当前测量结果，按删除键；如果需继续测量，可以再按启动/暂停键。

4)第二次测量时，如果相关系统参数一致，可直接按启动/暂停键开始测量。

(2)24h 自动监测。

1)根据需要设定好测量时间、统计用频率计权、组名等参数，检查并调整时钟。

2)进入测量菜单，将光标移到显示器最后一行的菜单条上，将第一个菜单项改为“噪声”，第二个菜单项改为“24h”进入 24h 自动测量界面。

3)当日历时钟到达整点时仪器自动开始测量，24h 自动监测过程中不能暂停，第一个时间段可以用启动/暂停键启动测量，以后则由仪器判定到达相同的时间时自动启动测量。

(3)噪声频谱分析。

1)进入测量状态，光标移到菜单条的第二项上，用参数键将其改为“OCT”。

2)稳定几秒观察显示器最上面一行的状态显示行中是否显示“过载”，如显示则光标移到“Rang”上，用参数键将其改为“H”，稳定几秒直接读数。

3)如果频谱结果上下起伏较大，可测量一段时间的积分平均结果，按设置键进入参数设置界面，按要求设好测量时间、组名等参数后，退出参数设置，重新回到频谱分析界面，在此界面下按启动键开始积分测量，到达设定的测量时间后就自动停止，保存测量结果。

4)测量过程中可暂停，再启动、提前结束或清除当前测量结果，操作同“噪声单次测量”。

(4)测量结果的调阅。在主菜单下移动光标键至调阅处，按确定键显示。

(5)数据打印。测量结果用 AH40 微型打印机打印。打印前将 AH40 微型打印机与仪器对接好，打开 AH40 微型打印机的电源，并确定联机灯点亮。进入数据调阅菜单，选定要打印的组号，按确定键显示出测量结果，再按输出键打印当前显示内容。

2.5.5 声强仪的使用

实验目的是通过使用声强仪，熟悉声强测量原理及测量方法。参考标准为：《声学　声强法测定噪声源的声功率级　第 1 部分：离散点上的测量》(GB/T 16404—1996)，《声学　声强法测定噪声源的声功率级　第 2 部分：扫描测量》(GB/T 16404.2—1999)。

测量方法中的离散点平均测量法是将所选的测量表面离散化，然后在每部分测量声强，将每一表面各离散部分所测得的声强值进行平均，再乘以相应的表面积，即可求出每一表面所发出的声功率，最后求和，得出总声功率。实测中常用绳子或金属丝做成网格，以便在相应的测点上，将探头精确定位。测量点每平方米至少一个，每个测量面至少 10 个测点，尽量平均分布。外部噪声明显时，至少 50 个测点。测点多于 50 个时，可以 $2m^2$ 一个测点。

扫描测量法是将声强探头在适当长的时间内，沿测量表面反复扫描，这样可测得一个表面的空间平均声强，再乘以相应的表面积就得到该表面的声功率值，最后将各表面的声功率相加，就可获得总的声功率。扫描路径如图 2-46 所示。手动扫描速度在 0.1～0.5m/s 之间，单个面元上的扫描时间不少于 20s。如果被测对象形如一展开的板或者壳，则测量面与被测物表面距离一般大于 0.2m；如果被测对象很小，形状密实，则测量距离可减小至 0.1m。

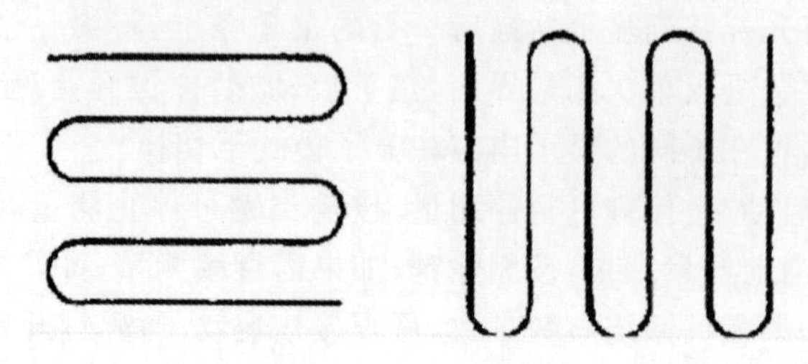

图 2-46　扫描路径

测量频率与探头之间的间距有关，间距 8.5mm 对应 20Hz～6.3kHz，间距 12mm 对应 20Hz～5kHz，间距 50mm 对应 20Hz～1 250Hz。

使用声强测量套件 B&K、硬件系统 B&K3560C、分析软件 Pulse，以离散点法为例，具体的测试步骤如下：

(1)在被测对象上制作测试网格。

(2)确定周边的声场、附近的障碍物。

(3)连接仪器系统。

(4)使被测对象处于正常的工作状态。

(5)把测试网格竖直放在测量面的合适位置(距离声辐射表面 30cm 左右)。

(6)打开 Pulse 软件，执行 Pulse→applications→noise source identification→ATC intensity mapping。

(7)设置参数并测量。

1)Hardware Setup：设置所需的传声器类型、序列号及所需的模块和通道，如图 2-47 所示。

2)Measurement Setup：设置信号的属性、分析仪的属性、测量函数的属性，如图 2-48 所示。

3)Calibration：检验硬件是否能正常工作。

4)Geometry Setup：设置测试网格的几何形状，要保证与实物一致，如图 2-49 所示。

5)Measurement Sequence Setup：设置测量方向(z)及测量顺序(左下角为第一点)，如图 2-50所示。

6)Validation Setup：保证测量结果的可靠性(默认)。

7)Measurement：开始测量，如图 2-51 所示。

8)按照从左到右、从下到上的顺序依次对测量网格上的测量点(可以是网格的中心，可以是交点，与 Geometry Setup 设置中的一致)进行测量，每测量完一个点，就要保存一次，每次测量都要保证传声器与测量网格垂直。

9)Mapping：查看等声强云图，如图 2-52 所示。

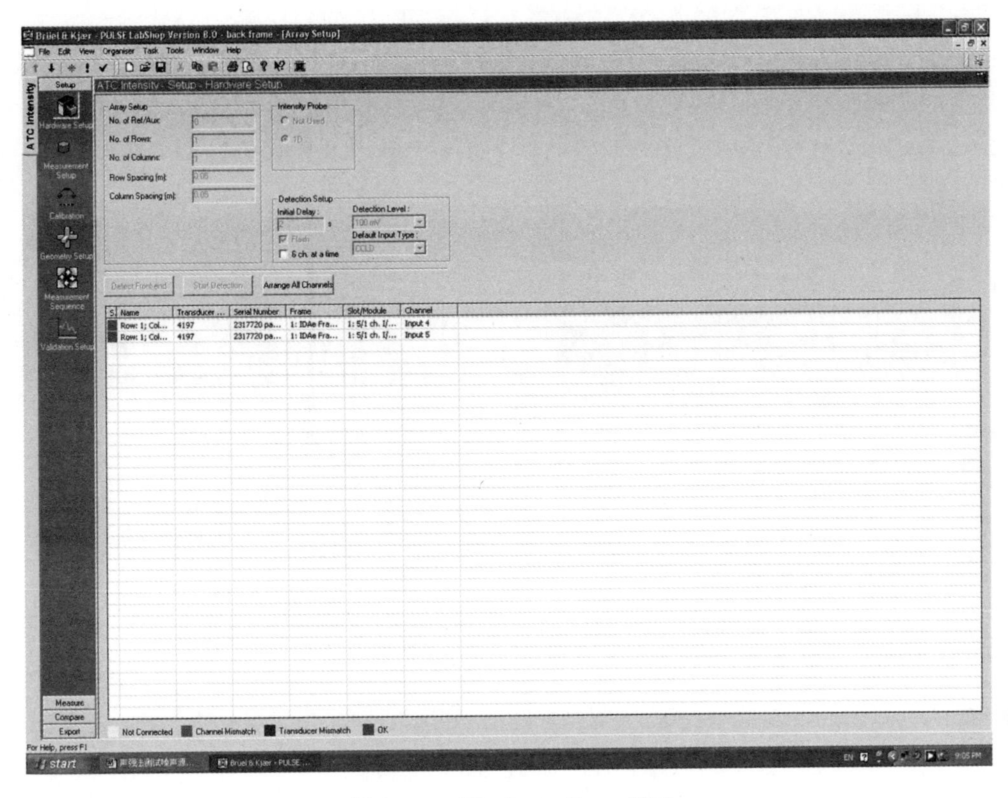

图 2-47　Hardware Setup 界面

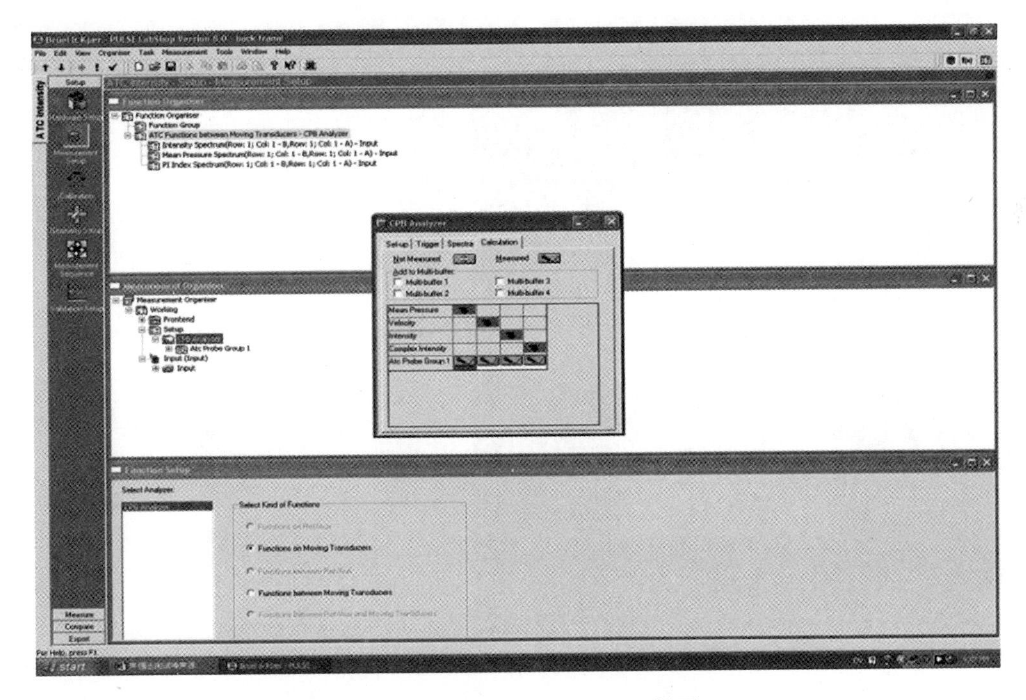

图 2-48　Measurement Setup 界面

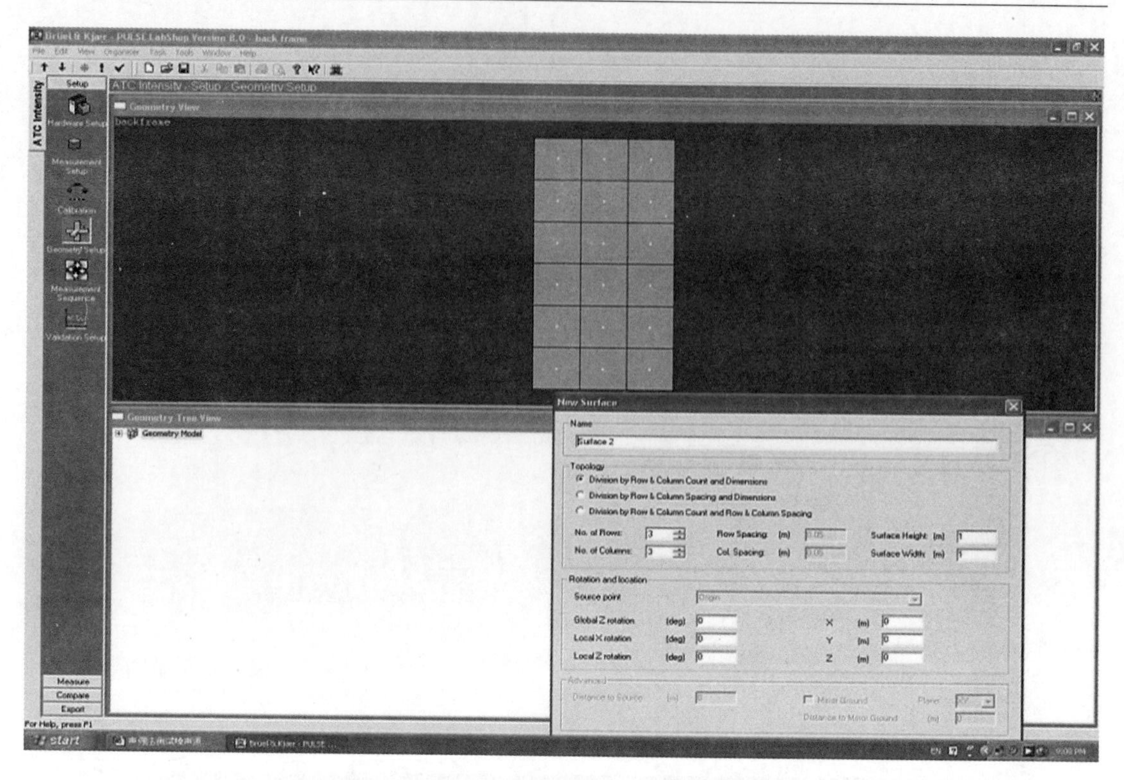

图 2－49　Geometry Setup 界面

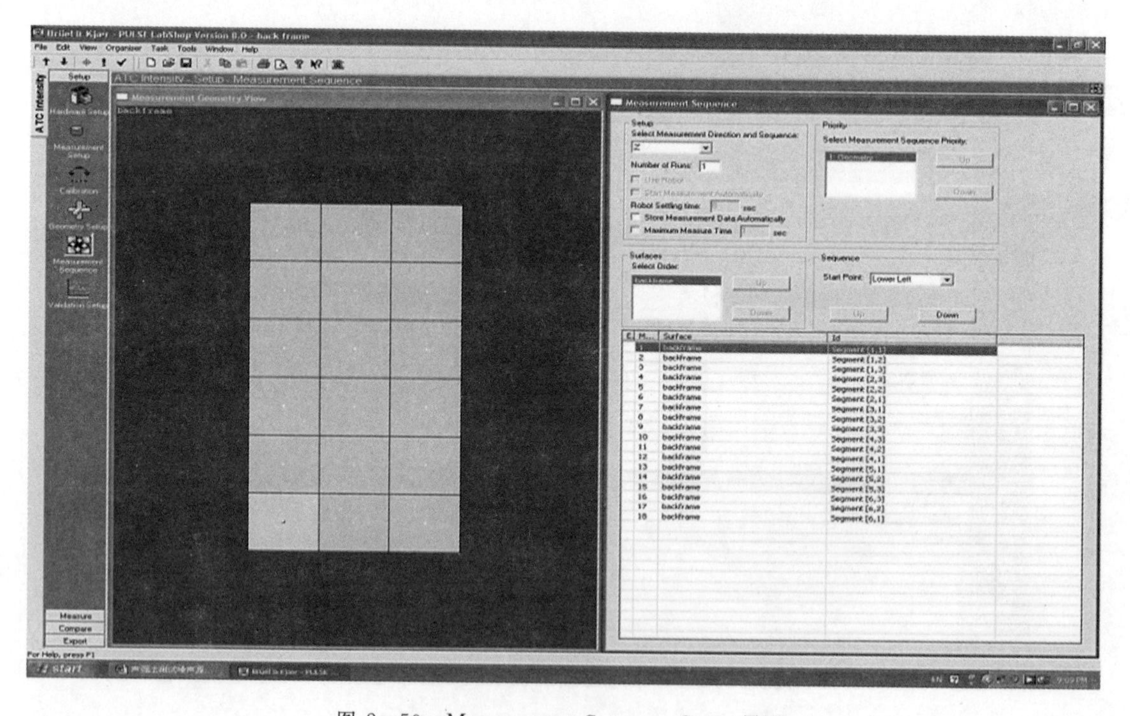

图 2－50　Measurement Sequence Setup 界面

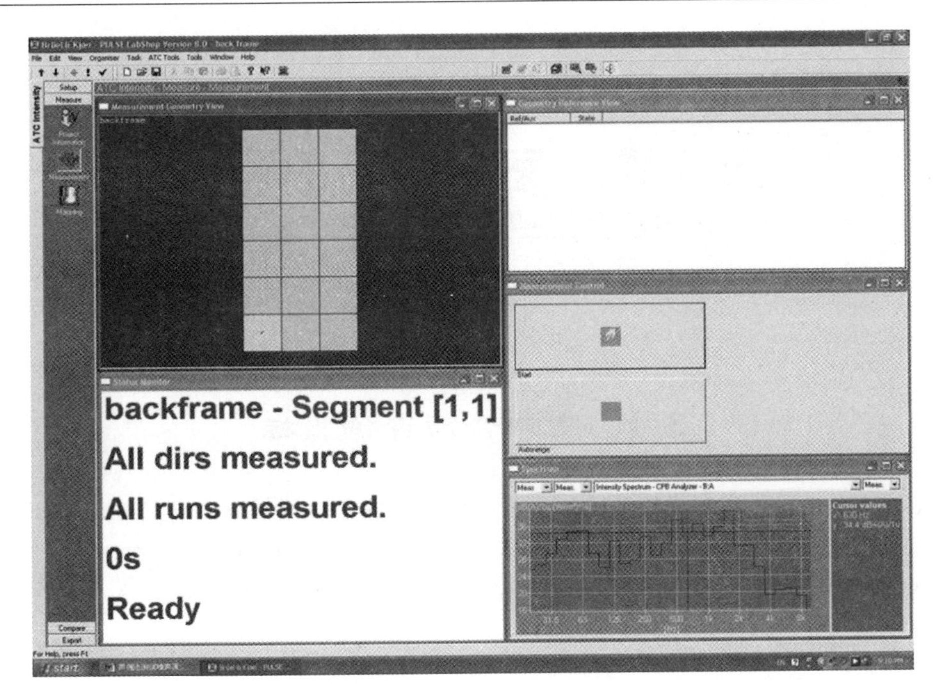

图 2－51　Measurement 界面

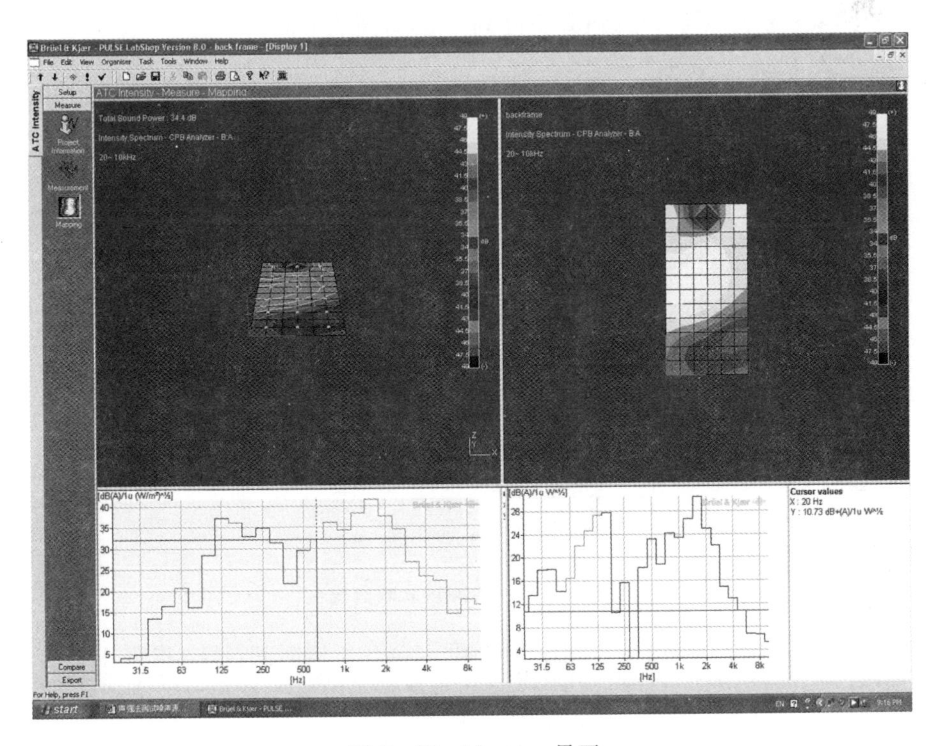

图 2－52　Mapping 界面

第3章　室内声场的测量

3.1　室内音质评价指标

在1.2.3节中已经详细介绍了评价室内音质的时间指标——混响时间和中心时间，能量指标——声压级、声场力度、清晰度和明晰度，空间指标——早期侧向反射声能比。时间指标还有早期衰减时间，空间指标还有双耳互相关系数，以下进行逐一介绍。

3.1.1　早期衰减时间

早期衰减时间(Early Decay Time,EDT)指声源停止后声音最初10dB衰减所需的时间，即图3-1中能量衰减曲线$E(t)$从0dB下降到－10dB所用时间。

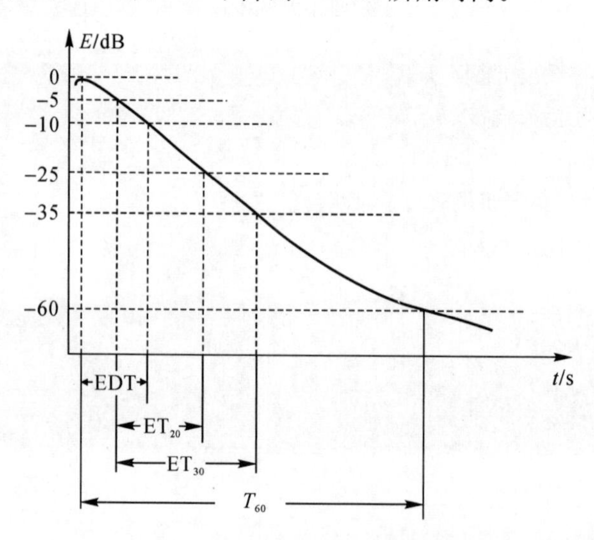

图3-1　室内能量衰减曲线

图3-1中的ET_{20}指声压级从－5dB下降到－25dB所需时间，ET_{30}指声压级从－5dB下降到－35dB所需时间。ET_{20}、ET_{30}、T_{60}之间的关系为

$$T_{60} \approx ET_{20} \times 3 \approx ET_{30} \times 2 \tag{3-1}$$

在大型厅堂(1 500座以上)，早期衰减时间与混响时间相比，与上座率关系不大，因为在最初的10dB衰减时间(约200ms)内，声波很少经受观众区反射。在座椅采用沙发椅的厅堂中，满场与空场声吸收之间的差异不会使中频早期衰减时间发生大的改变。

3.1.2　双耳互相关系数

在介绍双耳互相关系数之前，先介绍一下双耳效应。双耳效应是人们依靠双耳间的强度差、时间差和音色差判别声音方位的效应。如果声音来自听音者的正前方，由于声源到左、右耳的距离相等，从而声波到达左、右耳的时间差(相位差)、音色差为零，此时感受出声音来自听音者的正前方，而不是偏向某一侧。声音强弱不同时，可以感受出声源与听音者之间的距离。双耳的生理结构复杂，且对称分布于头部两侧，使得对于不同空间方位的声波到达双耳存在一系列差异，双耳正是利用这些线索完成了空间声定位等复杂的工作。双耳差异主要包括：

(1)双耳时间差(Inter-aural Time Difference，ITD)。由于左右耳之间有一定的距离，因此，除了来自前方和正后方的声音之外，由其他方向传来的声音到达两耳的时间就有先后，从而造成时间差。如果声源偏右，则声音必先到达右耳，后到达左耳。声源越是偏向一侧，时间差也越大。实验证明，当声源在两耳连线上时，时间差约为0.62ms。

(2)双耳声级差(Inter-aural Level Difference，ILD)。两耳之间的距离虽然很近，但由于人头颅对声音的阻隔作用，声音到达两耳的声级就可能不同。如果声源偏左，则左耳感觉声级大一些，而右耳声级小一些。当声源在两耳连线上时，声级差为25dB左右。

(3)双耳相位差(Inter-aural Phase Difference，IPD)。声音是以波的形式传播的，而声波在空间不同位置上的相位是不同的(除非刚好相距一个波长)。由于两耳在空间上存在距离，所以声波到达两耳的相位就可能有差别。耳内的鼓膜是随声波而振动的，这个振动的相位差也就成为人耳判别声源方位的一个因素。当然，频率越低，相位差定位感觉越明显。

(4)双耳音色差。声波如果从右侧的某个方向上传来，则要绕过头部的某些部分才能到达左耳。已知声波的绕射能力同波长与障碍物尺度之间的比例有关。人头颅的直径约为20cm，相当于1 700Hz声波的波长，所以频率为1 000Hz以上的声波绕过人头颅的能力较差，衰减较大。也就是说，同一个声音中的各个分量绕过头部的能力各不相同，频率越高的分量衰减越大。于是左耳听到的音色与右耳听到音色就存在差异。只要声音不是从正前方(或正后方)来，两耳听到音色就会不同，这也是人们判别声源方位的一种依据。

1995年，有学者证明，双耳听觉互相关系数(Interaural Correlation Coeffient，IACC)是描写空间感更为准确的一个指标量。IACC是某一瞬间到达两耳声音差异性的量度。

测量时使用安装在人头部或模拟人头部外耳道的两个小型传声器，传声器的电输出(一般经过中间录声)连接到计算机，计算机算得IACC。

如果两耳上的声音完全不同，那么IACC的值将是1.0，这意味着两耳上的声音互不相关。另外，还有一种极端情况是，从正前方到达的声波能保证两耳上的声音完全相同，IACC就为0.0，这表示没有空间感。音乐厅中的IACC值应在0.0～1.0之间。

为了强调早期侧向反射，IACC的测量分为两部分：第一部分是仅考虑直达声以后80ms内到达听众位置时所得的值，称为早期双耳听觉互相关系数($IACC_E$)。第二部分是考虑80ms以后到1s或2s时间内声音的值，称为后期双耳听觉互相关系数($IACC_L$)。把从0s起到1s或2s全部时间内测得的IACC计为$IACC_A$。

双耳听觉互相关系数的测量，通常是按舞台上3个声源位置，厅中8个或以上的测点，分别在500Hz、1kHz和2kHz这3个频带进行，然后将测量值对全部测点和声源位置作平均。这样就有了$IACC_{E3}$和$IACC_{L3}$，其中下标“3”表示前面3个频率的平均值。

3.2 实验示例

3.2.1 房间混响时间测量

实验目的是掌握普通房间混响时间的测量方法及要求，能够根据混响时间评价室内音品质。

由于测量混响时间有两种方法——稳态声源截断法和脉冲声源法，因此需要准备脉冲声源(气球或者发令枪等)、计算机(带有声卡和扬声器)，在Matlab中编程发出白噪声信号。由于混响时间为声能衰减量，是一个相对值，因此，可以使用计算机中的声卡进行声信号的采集。需要注意的是，采集到的声信号并非声源强度的绝对值。通过声卡采集声信号，可以在Labview软件环境实现。具体实验内容为在频率20Hz～20kHz范围内，以1/3倍频程的形式，分别用稳态声源截断法和脉冲声源法，测量房间的混响时间。

参考标准有《声学　低噪声工作场所设计指南　噪声控制规划》(GB/T 17249.1—1998)、《民用建筑隔声设计规范》(GBJ 118—1988)、《声学　室内声学参量测量　第2部分：普通房间混响时间》(GB/T 36075.2—2018)。

其中室内安静程度要求见表3-1和表3-2。

表3-1　推荐的各种工作场所背景噪声

房间类型	噪声/dB(A)	备注
会议室	30～35	背景噪声是指室内技术设备(如通风系统)引起的噪声或者是室外传来的噪声，此时对工业性工作场所而言生产用机器设备没有开动。 适用范围：本标准适用于新建或已有工作场所噪声问题的规划，适用于装设有机器的各种工作场所
教室	30～40	
单人办公室	30～40	
多人办公室	35～45	
工业实验室	35～50	
工业控制室	35～55	
工业性工作场所	65～70	

表3-2　民用建筑室内允许噪声级　　单位：dB(A)

建筑类别	房间名称	时间	特殊标准	较高标准	一般标准	最低标准
住宅	卧室、书房(或卧室兼起居室)	白天		≤40	≤45	≤50
		夜间		≤30	≤35	≤40
	起居室	白天		≤45	≤50	≤50
		夜间		≤35	≤40	≤40
学校	有特殊安静要求的房间			≤40	—	—
	一般教室			—	≤50	—
	无特殊安静要求的房间			—	—	≤55

续表

建筑类别	房间名称	时间	特殊标准	较高标准	一般标准	最低标准
医院	病房、医护人员休息室	白天		≤40	≤45	≤50
		夜间		≤30	≤35	≤40
	门诊室			≤55	≤55	≤60
	手术室			≤45	≤45	≤50
	听力测听室			≤25	≤25	≤30
旅馆	客房	白天	≤35	≤40	≤45	≤50
		夜间	≤25	≤30	≤35	≤40
	会议室		≤40	≤45	≤50	≤50
	多功能大厅		≤40	≤45	≤50	—
	办公室		≤45	≤50	≤55	≤55
	餐厅、宴会厅		≤50	≤55	≤60	—

稳态声源截断法的测量步骤：

(1)按图 3-2 搭建利用稳态声源截断法测量房间混响时间的系统。

(2)在房间内均匀布置声测点，具体要求见注意事项。

(3)在产生信号的计算机上，Matlab 环境下编程产生周期性连续播放的白噪声信号。

(4)在采集声信号的计算机上，Labview 环境下编程形成采集声信号并显示声音波形的模块。

(5)打开功率放大器和扬声器，发出白噪声，使得房间形成稳定的混响声场。

(6)打开采集声信号的计算机，并运行声信号采集模块。

(7)关闭白噪声信号。

(8)待声音波形显示声信号衰减完毕，点击声信号采集模块的停止按钮。

(9)保存并导出声衰减时域信号。

(10)每个测点重复测量 2 次，取其平均值。

(11)更换测点，重复步骤(5)～(10)。

(12)在 Matlab 环境下，对时域衰减信号进行时频分析，获得 T_{60}。

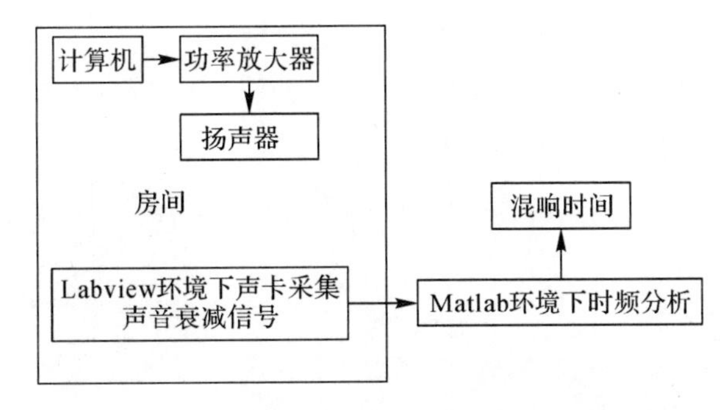

图 3-2　稳态声源截断法测试房间混响时间的系统

脉冲声源法的测量步骤：

(1)按图 3-3 搭建利用脉冲声源法测量房间混响时间的系统。

(2)在房间内均匀布置声测点，具体要求见注意事项。

(3)打开采集声信号的计算机，并运行声信号采集模块。

(4)利用气球发出脉冲声。

(5)待声音波形显示声信号衰减完毕，点击声信号采集模块的停止按钮。

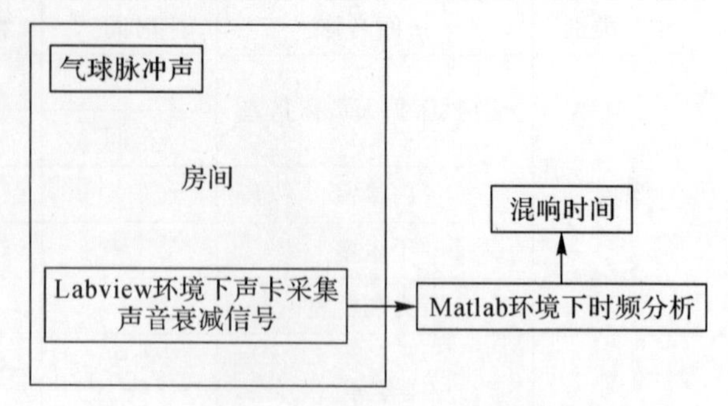

图 3-3　脉冲声源法测试房间混响时间的系统

(6)保存并导出声衰减时域信号。

(7)每个测点重复测量 2 次，取其平均值。

(8)更换测点，重复步骤(3)～(7)。

(9)在 Matlab 环境下，对时域衰减信号进行时频分析，获得 T_{60}。

实验过程中，需要注意的事项：

(1)所有测点必须离墙 1.5m 以上，距离地面高度也要在 1.5m 以上。

(2)声测点均匀分布在房间内，一般为 4～9 个。房间面积 100m^2以下布置 4 个，100～200 m^2布置 6 个，200 m^2以上布置 9 个。

(3)当使用无指向性声源时，声源放于室内中央位置。

(4)当使用有指向性声源时，声源位置尽量选择房间角落处。

(5)传声器测点不能相隔太近，至少有 0.5m 的距离。

(6)测量混响时间时，声源截断法中信号发生器至少运行 3min 后才能关闭。

以下给出一个实例，是笔者在西澳大学对一个隔声罩隔声性能开展研究时，对隔声罩所处房间和隔声罩本身的混响时间进行的测试。在对房间混响时间测试时，分别采用了稳态声源截断法和脉冲声源法。两种方法的结果可以相互印证，验证结果的可靠性。为了获得较宽频率范围的混响时间，稳态声源采用了低频的电声扬声器和高频喇叭。声源如图 3-4 所示，记录的声衰减时域数据如图 3-5 所示。

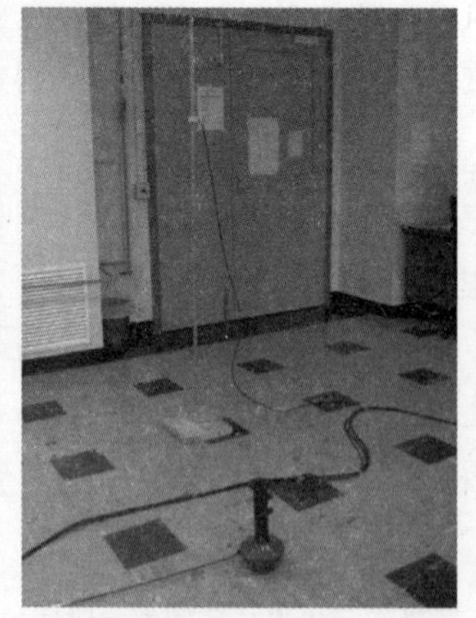

图 3-4　测房间混响时间用的稳态声源和脉冲声源

图 3－5　稳态声源截断法记录的房间内声衰减时域数据

由于隔声罩内无法人为控制发令枪等脉冲声源，因此，测隔声罩的混响时间仅采用了稳态声源截断法，如图 3－6 所示，测试结果如图 3－7 所示。

图 3－6　测隔声罩混响时间用的稳态声源

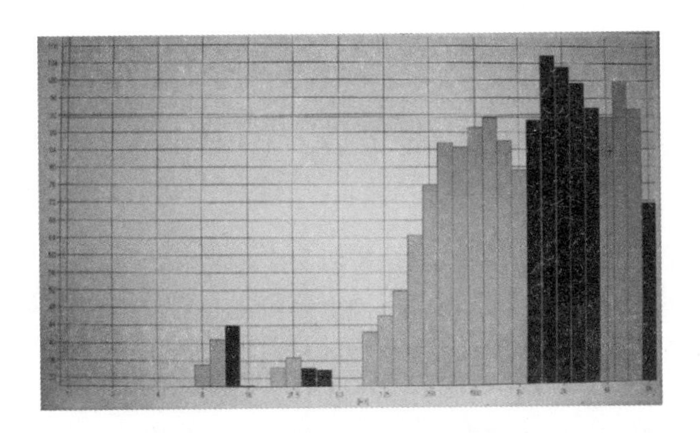

图 3－7　隔声罩混响时间测试结果

3.2.2 声场分布特性测量

声场分布特性又称声场不均匀度，是指厅堂内各处声压级的不均匀性。声场分布的理想状态是各处声压级一致或相近，起码声压不要有太大的起伏。

声场分布测量系统如图 3－8 所示。

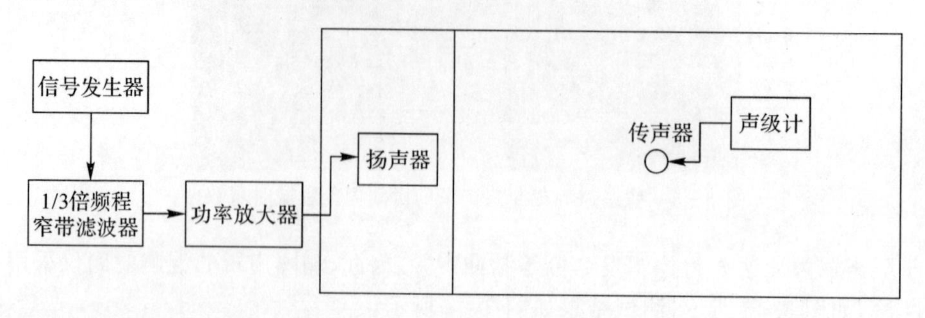

图 3－8 声场分布测量系统

测量用 1/3 倍频程窄带噪声信号激发无指向性扬声器，使厅堂中达到一定的声压级，声压级的大小至少应满足 30dB 信噪比的要求。测量信号的中心频率按倍频程取点，通常取 125 Hz、250 Hz、500 Hz、1 000 Hz、2 000 Hz 和 4 000Hz。

在某一中心频率测量时，将测量传声器的位置移至所选择的各代表性测量点处以测量其声压级，作出座位平面的声压场布置图。

各测量点中最高声压级与最低声压级之差即为该厅堂的声场不均匀度。测出各中心频率的不均匀度，列表或画成曲线来表征该厅堂的不均匀度频率特性。

在测点位置选取时，对于对称厅堂，可选 3～4 行，它们是中间行走道、中左（或中右）一行及左行（或右行）走道，隔一排或两排选一个测量点。测量声源应位于实际声源附近。

厅堂中各频段声波的能量分布应尽量均匀，即室内各点在该频段内的声压级起伏应相当小。一般认为厅堂满场时某频段声压级不均匀度在 80％以上区域范围内不大于 2dB 算是满意的，而在该频段，大厅全场声压级不均匀度希望不超过 8dB。如果不满足此要求，则应予以调整。

3.2.3 传声增益特性测量

传声增益是指厅堂听众席的声压级与舞台传声器所接收的声压级之差，即该厅堂的扩声能力。传声增益的测量系统如图 3－9 所示。

传声增益测量步骤如下：

（1）将测量系统调至最高可用增益，测试声源置于舞台（或讲台）中心线上离台唇 3m 处，将扩声系统传声器和测量传声器分别置于测试声源声中心两侧的对称位置，距地高度 1.2～1.6m，与测试声源高音声中心相同，传声器应为无指向性传声器。

（2）调节测试系统输出，使测点的信噪比满足 15 dB 要求。

（3）在规定的传输频率范围内，按 1/3 倍频程（或 1/1 倍频程）中心频率逐点在观众厅内各测点上及扩声系统传声器处分别测量声压级。

（4）求出稳态声压级平均值，稳态声压级平均值与扩声系统传声器处稳态声压级的差值，即为全场传输频率范围内的传声增益，以 dB 表示。

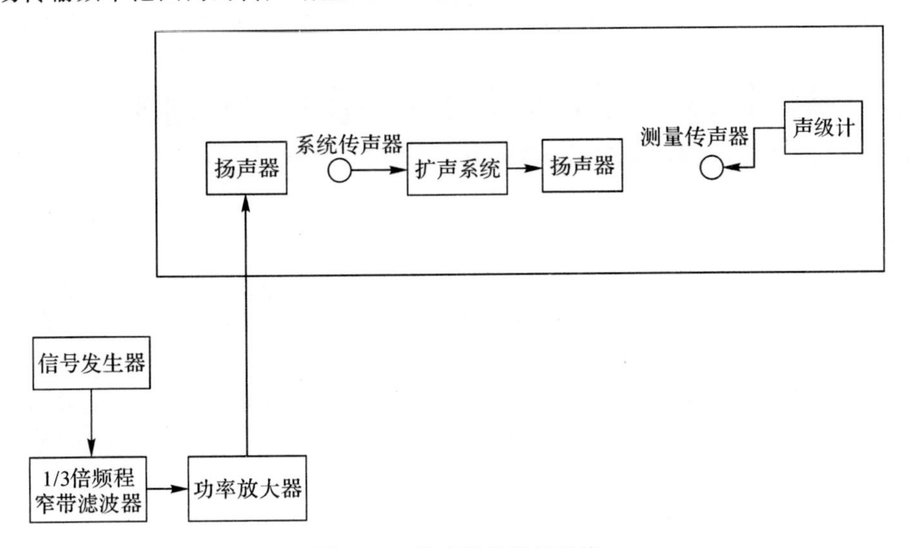

图 3－9　传声增益测量系统

第4章　声学材料(结构)的测量

噪声即为不需要的声音,降低噪声方案可以从声源、传播途径和接受者3个方面出发,使用声学材料(结构),从吸声、隔声或者消声的角度开展降噪设计。在设计的过程中,测量声学材料(结构)的声学性能十分必要,比如吸声材料(结构)的吸声系数和声阻抗率,隔声结构的隔声量,消声器的插入损失等。本章首先简要回顾吸声、隔声和消声器的降噪原理,然后详细介绍吸声系数、隔声量和插入损失的测量方法。

4.1　吸　　声

4.1.1　吸声原理

声波通过介质或入射到介质分界面上时声能的减少过程即为吸声现象。当介质为空气,声波在空气中传播时,由于空气质点振动所产生的摩擦作用,声能转化为热能,这部分声波随传播距离增加而逐渐衰减的现象,称为空气吸声。当介质分界面为某种材料表面时,入射声波的部分能量被吸收,称为材料吸声。

声能转化为热能,首先是黏滞性和内摩擦的作用。声波传播时,质点振速各处不同,存在速度梯度,这使得相邻质点间产生相互作用的黏滞力或内摩擦力,对质点运动起阻碍作用,从而使声能不断转化为热能。其次是热传导效应,由于声波传播时介质质点疏密程度各处不同,因此介质温度也各处不同,存在温度梯度,从而相邻质点间产生了热量传递,使声能不断转化为热能。

按吸声机理不同,吸声体可分为多孔吸声材料和共振吸声结构。多孔材料包括纤维类、泡沫类和颗粒类。以纤维类材料为例,最常见的有玻璃棉、矿渣棉、化纤棉、木丝板等;泡沫类材料以泡沫塑料、海棉乳胶、泡沫橡胶等居多;颗粒类材料则以膨胀珍珠岩、多孔陶土砖、蛭石混凝土等居多。共振吸声结构可以分为薄板共振吸声结构、薄板穿孔共振吸声结构等。从吸声材料和共振吸声结构的吸声性能来讲,多孔材料以吸收中高频噪声声能为主,共振吸声结构在低频共振峰值附近有很好的吸声效果。

为了提高吸声性能,把均匀材料的关键几何参数(如孔径和孔隙率等)设计为梯度变化,是一种有效的增强传统多孔材料吸声性能的方法。有学者使用遗传算法优化了半开孔泡沫铝和烧结金属纤维毡(见图4-1)的吸声性能,得到了特定总材料厚度限制下,目标频段内吸声系数最优的各层材料参数的分布。

通过在均匀多孔材料内添加新的声学单元,是另一种提高吸声性能的有效手段。还有的学者在闭孔泡沫铝中增加了垂直于材料入射面的长直圆孔,并使用MAM(矩量法)建立了基于微结构的数值模型,结果显示新增圆孔使新结构具备了很好的吸声性能,拓宽了闭孔泡沫铝的应用范围。还有的研究发展了双孔隙多孔材料(double porosity porous material)声学理论,并通过在通孔多孔材料中增加截面尺寸远大于微观孔尺寸的宏观贯穿孔(见图 4-2),其轴线垂直于材料入射面,大幅提高了材料在中低频的吸声系数,其物理机理为较大的孔尺寸比值导致的声压扩散效应(pressure diffusion effect)。Groby 等人在具有中等静流阻的开孔泡沫中增加了轴线方向平行于材料入射面的长直圆孔,但是圆孔与多孔材料是非连通的,新结构在低于均质多孔材料 1/4 波长共振频率处得到了趋近于 1 的吸声波峰,其物理机理为复杂束缚模态的激发。

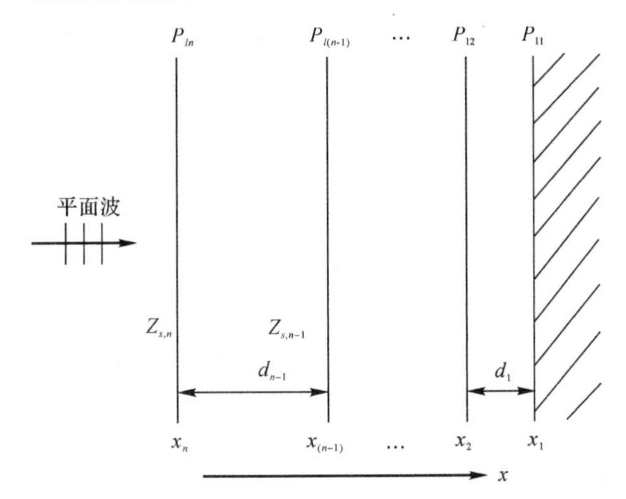

图 4-1　多层烧结金属纤维毡示意图

图 4-2　双孔隙率型多孔材料

虽然以上吸声材料或结构在中低频段的吸声性能优于均匀多孔材料,但是加工难度都很大(特别是在材料厚度较薄的情况下),而且材料的不均匀性会增加材料的不稳定性。

近些年,使用声学超材料来增强材料与结构的吸声性能的研究引起了越来越多的关注,许多学者开展了大量致力于提高工程材料吸声性能的工作,其中香港科技大学沈平课题组开发的薄膜质量片超材料实现了很大的突破。此类超材料通过质量片周围的弹性膜耗散声能,试件厚度与其工作频率对应的声波波长之比极小(最小约为 1/133),可以在低频实现接近 100%的吸声。

值得注意的是,黏热耗散机理在很多吸声超材料中仍然是主要的声能吸收机理。Cai 等充分利用声场的标量场自然属性,利用空间弯折(space-coiling)策略分别将直管和 Helmholtz 共振器弯折入同一平面内,极大地压缩了达到完全吸声时的材料厚度,构成了超薄吸声板,最小结构厚度与波长之比约为 1∶102。根据类似思路,其他学者相继发展了串联共平面盘绕管超材料、迷宫型单通道超平面和共平面弯折双层微穿孔结构。

声学超材料还可以作为吸声性能增强的辅助结构,如将声学超材料构成的声阻抗匹配壳体与声吸收核心结合,该壳体利用等效声学特性的各向异性可以将沿各个方向入射的声波导入吸声核心,从而可以在宽频带内有效吸收所有方向入射的声波。

4.1.2　吸声系数

吸声系数用来衡量吸声材料(结构)吸声性能的大小,如图 4-3 所示,声波入射到吸声材

料(结构)表面时,一部分声能被反射,一部分被吸收,还有一部分透射过材料(结构)。吸声系数可以表示为

$$\alpha = \frac{E_2}{E_0} = 1 - \frac{E_1 + E_3}{E_0} \tag{4-1}$$

吸声系数越大,表明吸声材料(结构)的吸声效果越好。吸声系数的大小与声波入射角度有关,因此,在吸声系数的测量中有垂直入射吸声系数、无规律入射吸声系数的区别。另外,吸声系数在不同的频率是不同的,为了完整表征材料(结构)的吸声性能,常常给出不同频率的吸声系数。有时较为简单的单值评价处理方法是采用各频率吸声系数的平均值,如平均吸声系数。

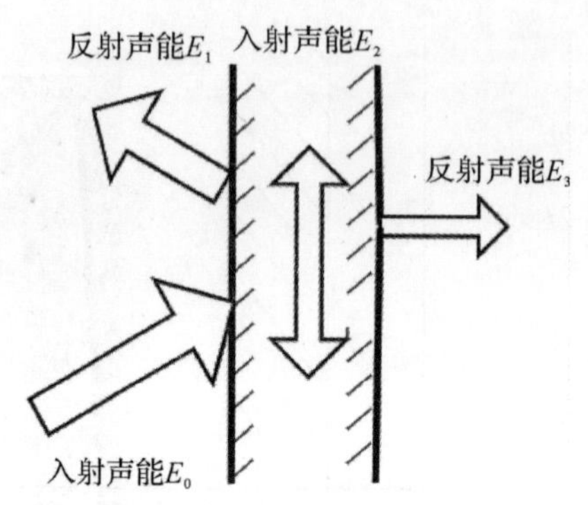

图 4-3　声波入射到吸声材料(结构)表面时的声能传播图

4.1.3　吸声系数的测试方法

吸声系数的测试方法主要分为3类:声波导管法、自由声场法和混响室法,前两者测的是垂直入射和斜入射吸声系数,后者测的是无规入射吸声系数。下面分别予以介绍。

1. *声波导管法*

(1)单传声器声波导管法。单传声器声波导管法也叫驻波管法,其测试装置如图4-4所示。使用中必须限制驻波管中声源频率小于管道截止频率。圆管和方管的截止频率计算公式分别为

$$f_{c0} = 0.586\,\frac{c_0}{D} \tag{4-2}$$

$$f_{s0} = 0.5\,\frac{c_0}{L} \tag{4-3}$$

式中:D为圆管直径;L为方管直径;c_0为空气中声速。

假设驻波管右边扬声器发射声波,到达左边吸声材料之后,发生反射,那么,以材料处为坐标原点,管中任意一点x处入射声波和反射声波声压分别为

$$p_i = p_{ai}e^{j(\omega t - kx)} \tag{4-4}$$

$$p_r = p_{ar}e^{j(\omega t + kx)} \tag{4-5}$$

式中:p_{ai}、p_{ar}分别为入射声波和反射声波的声压幅值。

由入射声压和反射声压,可以得到管中总声压

$$p = p_i + p_r = p_{ai}[e^{-jkx} + |r_p|e^{j(kx+\sigma\pi)}]e^{j\omega t} = |p_a|e^{j(\omega t+\varphi)} \tag{4-6}$$

式中:r_p为声波反射系数;p_a为总声压振幅。

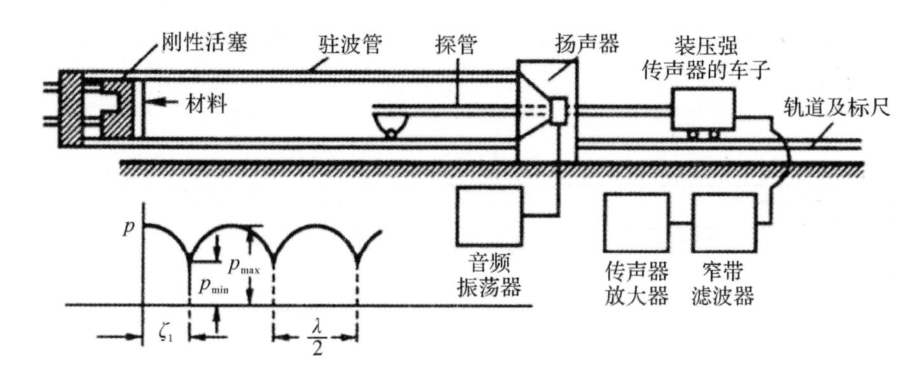

图 4－4　单传声器声波导管法装置

$$|p_a| = p_{ai}\left|\sqrt{1+|r_p|^2+2|r_p|\cos 2k\left(x+\sigma\frac{\lambda}{4}\right)}\right| \tag{4-7}$$

从式(4－7)可以知道:当 $2k(x+\sigma\lambda/4) = \pm(2n+1)\pi$ 时,总声压有极小值;当 $2k(x+\sigma\lambda/4) = \pm 2n\pi$时,总声压有极大值。

定义总声压极小值与极大值之比为驻波比:

$$G = \frac{|p_a|_{max}}{|p_a|_{min}} = \sqrt{\frac{1+|r_p|^2+2|r_p|}{1+|r_p|^2-2|r_p|}} = \frac{1+|r_p|}{1-|r_p|} \tag{4-8}$$

即

$$|r_p| = \frac{G-1}{G+1} \tag{4-9}$$

由于吸声系数与反射系数之间存如下关系:

$$\alpha_p = 1-|r_p|^2 \tag{4-10}$$

因此,得到吸声系数

$$\alpha_p = 1-\frac{(G-1)^2}{(G+1)^2} = \frac{4G}{(G+1)^2} \tag{4-11}$$

通过测量驻波比 G,可求得垂直入射的吸声系数 α_p。因为实际测量时,测得的是极大值与极小值的声压级差 $\Delta L_p = L_{p\max} - L_{p\min}$,所以有

$$G = \frac{|p_a|_{max}}{|p_a|_{min}} = \frac{10^{L_{p\max}/20}}{10^{L_{p\min}/20}} = 10^{\Delta L_p/20} \tag{4-12}$$

此时,吸声系数可进一步表示为

$$\alpha_p = \frac{4\times 10^{\Delta L_p/20}}{(1+10^{\Delta L_p/20})^2} \tag{4-13}$$

由此可见,上面式子中 G、α_p、ΔL_p三个参数是等价的 ,测得其中一个就可求出另外两个。

(2)双传声器声波导法。上面采用的单传声器驻波管法存在两个缺点,即当测试频率较低时,需要很长的管子,同时也只能用纯音进行测量。而双传声器声波导法可以弥补这两个方面的不足。所谓双传声器声波导法就是在管道中用两个相距一定距离的、相同特性的传声器输出,经过适当的延时处理后,可以有效地分离入射波和反射波,这样就可以算出法向入射的声学特性。对这个问题的处理,可以在时域进行,也可以在频域进行。

双传声器声波导法的装置如图 4－5 所示。传声器 1 和传声器 2 相隔一定的距离 d,传声器 1 距离材料表面的距离为 l,两个传声器分别接收到波导管中的声压,电信号输出分别为

$m_1(t)$和$m_2(t)$,这两个电信号经过时域处理后,将其中的入射波和反射波信号分离,工作原理如图 4-6 所示。

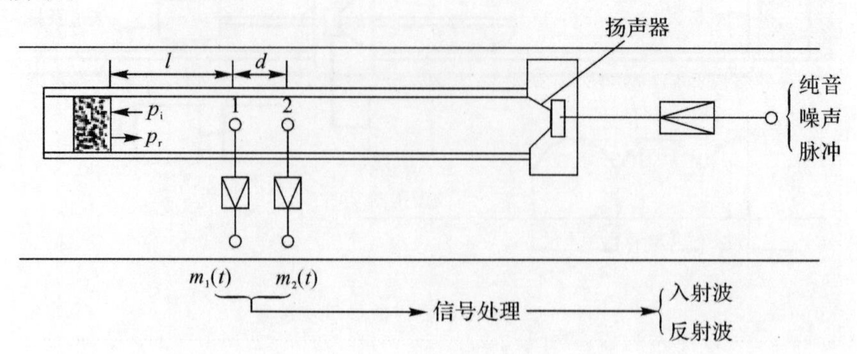

图 4-5　双传声器声波导法测试装置

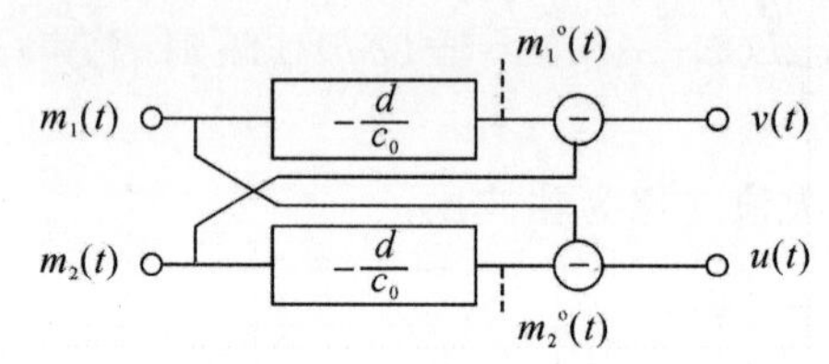

图 4-6　双传声器声波导法时域处理原理图

基于时域处理方法得到的吸声系数

$$\alpha_p = 1 - \frac{|v(\omega)|^2}{|u(\omega)|^2} \tag{4-14}$$

式中:$v(\omega)$、$u(\omega)$分别为$v(t)$和$u(t)$的频域数据。当用纯音信号作声源时,$v(\omega)$和$u(\omega)$可以用$v(t)$和$u(t)$的均方根值获得。当声源用脉冲信号时,则需要对$v(t)$和$u(t)$进行 Fourier 变换后,再使用 FFT(快速 Fourier 变换)技术进行分析。

上述时域处理方法的缺点:测试用的两个传声器的振幅特性和相位特性要求一致;时延必须根据d和c_0非常精准地调节;管壁吸收的修正比单传声器法更加困难。因此,提出传递函数法。由于传递函数法中使用了阻抗管,因此传递函数法也可称为阻抗管法。

图 4-7 为传递函数法测量示意图,原理是测试样品装在一个平直、刚性、气密的阻抗管的一端,管中的平面声波由声源(无规噪声、伪随机序列噪声或线性调频脉冲)产生,在靠近测试样品的两个位置上测量声压,求得两个传声器信号的声传递函数,从而计算测试样品的法向入射吸声系数。

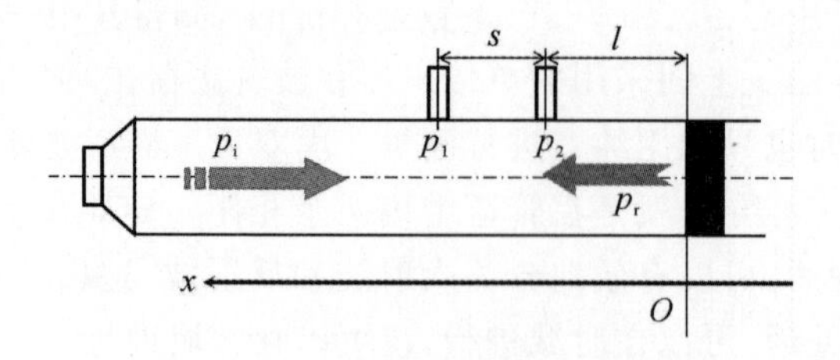

图 4-7　传递函数法测量示意图

图 4-7 驻波管中的入射波和反射波可分别表示为

$$p_i = p_I e^{jk_0 x} \tag{4-15}$$

$$p_r = p_R e^{-jk_0 x} \tag{4-16}$$

式中:p_I、p_R分别为基准面上 p_i、p_r 的幅值;k_0为复波数。

两个传声器位置处的声压分别为

$$p_{i1} = p_I e^{jk_0(s+l)} + p_R e^{-jk_0(s+l)} \tag{4-17}$$

$$p_2 = p_I e^{jk_0 l} + p_R e^{-jk_0 l} \tag{4-18}$$

入射波和反射波的传递函数分别为

$$H_i = \frac{p_{2i}}{p_{1i}} = e^{-jk_0 s} \tag{4-19}$$

$$H_r = \frac{p_{2r}}{p_{1r}} = e^{jk_0 s} \tag{4-20}$$

其中 s 为两个传声器之间的距离。

驻波管中总声场的的传递函数 H_{12}可由 p_1、p_2获得,并有 $p_R = rp_I$,则

$$H_{12} = \frac{p_2}{p_1} = \frac{e^{jk_0 l} + re^{-jk_0 l}}{e^{jk_0(s+l)} + re^{-jk_0(s+l)}} \tag{4-21}$$

综合式(4-19)～式(4-21),得到反射系数与传递函数之间的关系为

$$r = \frac{H_{12} - H_i}{H_r - H_{12}} e^{j2k_0(s+l)} \tag{4-22}$$

由上式可以知道,反射系数 r 可由传递函数,距离 s、l 和波数 k_0确定。再根据式(4-10),可以得到吸声系数。

传递函数法通过两个传声器的互谱计算出频响函数,因此,两传声器的相位或幅度失配会导致计算误差。修正方法是通过互换校准,取其几何平均,其结果是复数,将此值加到具有相同设置的频响函数上,这样就可有效地消除因传声器失配产生的误差。

校准时,标准位置的频响函数为 H_{c1},互换位置为 H_{c2},由此可算出校准因数 H_c,即

$$H_c = \sqrt{|H_{c1}||H_{c2}|} \tag{4-23}$$

$$\varphi_c = \frac{1}{2}(\varphi_1 + \varphi_2) \tag{4-24}$$

将校准因数“加”到任一个频响函数上,从而给出一个不受两个传声器失配影响的值。例如,在标准位置测得的频响函数为 $H = |H| e^{j\varphi}$,“加”上修正因数,给出正确的频响函数 $H_{12} = \frac{|H|}{|H_c|}$,$\varphi_h = \varphi - \varphi_c$。后续就用频响函数 H_{12}来计算试件的声学特性。

2. 自由声场法

如果吸声材料是“局部反应”的材料,那么声波导管法测得的垂直入射吸声系数,可以转换成无规入射的吸声系数。所谓“局部反应”的材料,是指该材料的法向声阻抗率与声波的入射方向无关。但是,有些吸声材料不是“局部反应”的,其法向声阻抗率与声波的入射角度有关。因此,测量吸声材料法向声阻抗率与声波入射角的关系引起人们的注意。使用自由声场法就可以测量声波斜入射时材料的吸声系数和法向声阻抗率。

已知声波入射角为 θ,比声阻抗为 z,则声压反射系数为

$$R(\theta) = \frac{z\cos\theta - 1}{z\cos\theta + 1} \tag{4-25}$$

其中比声阻抗 z 为声阻抗率 Z 除以介质特性阻抗，而声阻抗率 Z 等于材料表面声压 p 除以介质法向质点振速 v_n，故有

$$z=\frac{Z}{\rho_0 c_0}=\frac{1}{\rho_0 c_0}\frac{p}{v_n} \tag{4-26}$$

求得声压反射系数后，就可以计算出材料在不同入射角度下的吸声系数为

$$\alpha(\theta)=1-|R(\theta)|^2 \tag{4-27}$$

因此，只要求得比声阻抗，就可得到吸声系数，而比声阻抗可以用双传声器法测量，这就是自由声场法中利用双传声器测量斜入射吸声系数的基本思路。

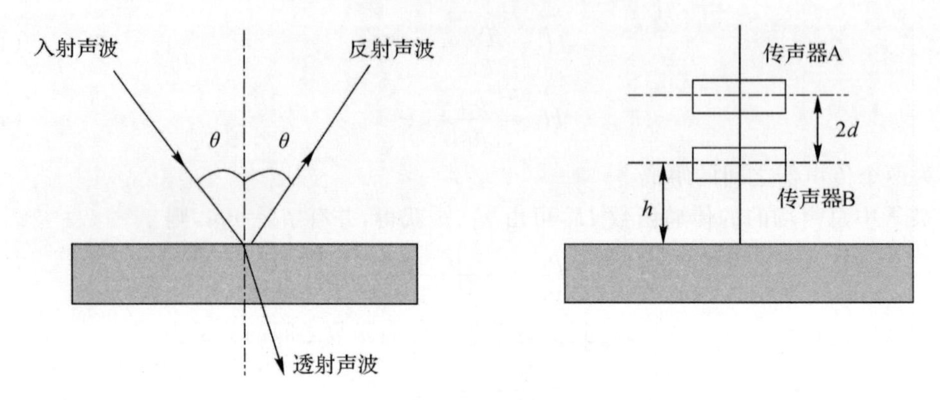

图 4-8　自由声场法中利用双传声器测量斜入射吸声系数示意图

如图 4-8 所示，假定有两传声器 A、B，其间距为 $2d$，两传声器连线垂直于材料表面，接近材料的传声器 B 的中心线与材料表面距离为 h。在频域，如果传声器 A、B 的输出信号分别为 $p_A(f)$、$p_B(f)$，那么两个传声器连线中点处的声压和质点振速可近似为

$$p(f)=[p_A(f)+p_B(f)]/2 \tag{4-28}$$

$$v(f)=\frac{p_A(f)-p_B(f)}{j2\omega\rho_0 d} \tag{4-29}$$

于是，就可通过测量 $p_A(f)$、$p_B f)$得到比声阻抗，有

$$z=\frac{j\omega d}{c_0}\frac{G_{AA}-G_{BB}+j2\mathrm{Im}(G_{AB})}{G_{AA}+G_{BB}-2\mathrm{Re}(G_{AB})} \tag{4-30}$$

式中：G_{AA}、G_{BB}、G_{AB}分别为 $p_A(f)$的自功率谱、$p_B(f)$的自功率谱及 $p_A(f)$与 $p_B(f)$的互功率谱。

从式(4-30)可以看出，自由声场法利用双传声器测量斜入射吸声系数的具体步骤是：①测量 G_{AA}、G_{BB}、G_{AB}；②根据式(4-30)计算比声阻抗；③根据式(4-25)和式(4-27)计算斜入射吸声系数。

从上述过程可以看出，该方法固有的误差来源主要是两传声器的有限间距和测量两个声压时两通道的相位失配。实际中，两个声压的测量一般采用声强探头，功率谱的计算采用专门的频谱分析仪器，因此，相位失配可控制在最小范围内。但是，双传声器间距、双传声器离材料表面距离等参数对测量结果的影响是测量前必须弄清楚的。

学者们已经证明，如果双传声器间距远小于入射声波最小波长，那么两个传声器之间的间距对测量结果就可以忽略。由于双传声器与材料表面存在距离，所以测量值中声压反射系数与真实值之间有相位偏差，但是对吸声系数测量值没有影响。因为材料面积有限，如果这个距

离大到一定程度,会有边缘效应,对测量结果还是有一定影响的。因此,建议材料面积在 1m^2 左右。

3. 混响室法

开启声源之后,封闭空间内将产生混响声;而声源一停止工作,混响声就逐渐衰减。通常用混响时间作为描述这一现象的主要参量。混响时间的定义是在声源停止工作后,声级衰减 60dB 所需的时间。计算混响时间的公式为

$$T_{60} = 0.161\frac{V}{S\bar{\alpha} + 4mV} \tag{4-31}$$

上式称为修正的 Sabine 公式。一般说来,当频率低于 1kHz 时,空气介质的吸收可以忽略不计。令房间的吸声量 $A=S\bar{\alpha}$,则上式可表示为

$$A = \frac{55.3V}{c_0 T_{60}} - 4mV \tag{4-32}$$

混响时间的长短显然和房间的吸声本领及其体积有关,因为前者决定了每次反射所吸收的声能,后者决定了每秒钟声波的反射次数。因此在房间大小固定后,混响时间只与房间对声音的吸收本领有关,吸声材料(结构)的吸声系数可在混响室里通过测量混响时间来计算。

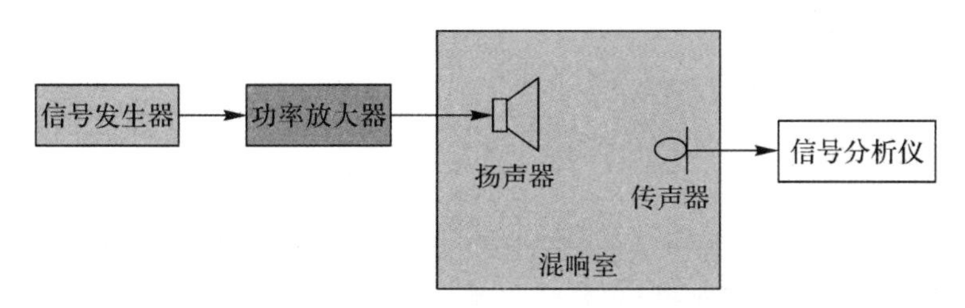

图 4-9　混响室法测量无规入射吸声系数系统图

混响室法测量系统如图 4-9 所示,首先测出空室中的混响时间 T_1,然后放进被测的吸声材料(结构),再测出各相应频率时混响时间 T_2,则根据式(4-32)可推出

$$A_2 - A_1 = 55.3V\left(\frac{1}{c_2 T_2} - \frac{1}{c_1 T_1}\right) - 4(m_2 - m_1)V \tag{4-33}$$

式中:V 为混响室的体积;c_2、c_1 分别为两次测量时的声速:m_2、m_1 分别为两次测量时声强吸收系数。

如果两次测量的室内温度、湿度相差很小,则 $c_2 \approx c_1 = c_0$,$m_2 \approx m_1$,于是,式(4-33)可简化成

$$A_2 - A_1 = \frac{55.3V}{c_0}\left(\frac{1}{T_2} - \frac{1}{T_1}\right) \tag{4-34}$$

若试件安装在房间的地板、墙壁或天花板上,其面积与整个混响室表面积相比很小,再考虑到试件覆盖的那部分壁面的吸声系数很小,则有

$$\Delta A = S_1 \alpha_s \tag{4-35}$$

式中:α_s 为吸声材料(结构)的无规入射吸声系数;S_1 为试件面积。

结合式(4-34)和式(4-35),可以知道,只要测量出试件面积、房间体积、空气声速和放入吸声材料(结构)前后房间的混响时间,就可以获得材料(结构)的吸声系数。

4.2 隔　　声

4.2.1 隔声量

隔声是噪声控制的主要方法之一，因此，构件隔声能力的大小就是一个关键问题。噪声传入室内的途径很多，除沿着开向房间的洞孔、隙缝等通道传入室内之外，还有下列两种主要的途径：声波通过空气传到结构上(如墙壁)，迫使结构振动而向室内辐射声音；物体在结构上产生撞击，因而引起室内表面(楼板)的振动而向室内辐射声音。前者称为空气传声，后者称为固体传声。

建筑结构(如墙)的隔声性能经常用传声损失(Transmission Loss，TL)描述。传声损失是指入射到结构上的声能和透过结构的声能之比的分贝数，其数学表达式如下：

$$\mathrm{TL} = 10\lg\frac{1}{\tau} \tag{4-36}$$

式中：τ 称为传声系数(或透声系数、透射系数)，有

$$\tau = \frac{W_t}{W_i} \tag{4-37}$$

式中：W_i为入射声能；W_t为透射声能。

4.2.2 隔声测量

隔声测量就是对隔声构件隔声量的测量，其方法总体上分为混响室法和现场测量法两种。在国家标准中，与隔声测量相关的有《建筑隔声测量规范》(GBJ 75—1984)，《声学　隔声罩的隔声性能测定　第1部分：实验室条件下测量(标示用)》(GB/T 18699.1—2002)，《声学　隔声罩的隔声性能测定　第2部分：现场测量(验收和验证用)》(GB/T 18699.2—2002)，《声学　建筑和建筑构件隔声测试　第3部分：建筑构件空气声隔声的实验室测定》(GB/T 19889.3—2005)。

1. 混响室法

混响室法测试环境为隔声室。如图4-10所示，隔声室是由两个相邻的混响室组合而成，其中A、B两室之间有一安装欲测隔声结构的试洞(或试件架)。实验证明，当结构的面积较小时，由于边界条件的改变，边界对声场的影响会进而影响结构的隔声性能。同时，用隔声室测量构件的传声损失时，总是将构件看成"局部反应"的，即构件表面某点处的振动只与该处声压有关，而与其他点上的声压无关。这样的话，测量频率要比构件产生弯曲振动的最低频率要高，因而构件的尺寸不能太小，在100Hz～4kHz的频率范围内，构件的基准面积为10m²，并且较短边的长度不得小于2.3m。

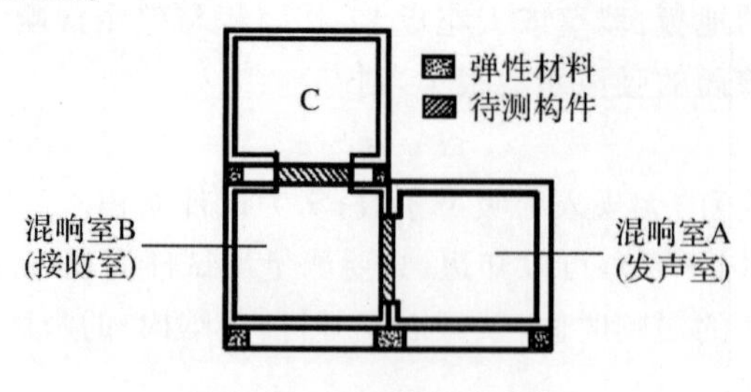

图4-10　隔声室剖面图

为了能在隔声室内获得混响声场,每个混响室都应具有坚硬的壁面和足够大的体积,按 ISO140 规定,每个混响室体积不得小于 50m^2。

在测量传声损失时,任何间接传声与通过构件的传声相比都应该可以忽略,达到此要求的一种方法是使声源室和接收室之间有足够的隔振,最好是将它们分别造在独立的弹性基础上,另外在两房间的整个表面上覆盖一层降低辐射的衬壁以减少侧向传声。

假设发声室有一声源以声功率 W 辐射声音,则发声室内混响声能密度

$$\varepsilon_1 = \frac{4W}{c_0 R_1} \tag{4-38}$$

式中:R_1 为发声室中的房间常数;c_0 为声速。

如果试件面积为 S,则入射到该试件上的声功率

$$W_1 = \frac{1}{4}\varepsilon_1 c_0 S \tag{4-39}$$

假设试件的传递系数为 τ,则透过试件进入接收室内的声功率

$$W_2 = \tau W_1 = \frac{1}{4}\tau\varepsilon_1 c_0 S \tag{4-40}$$

于是,接收室内的混响声能密度

$$\varepsilon_2 = \frac{4W_2}{c_0 R_2} \tag{4-41}$$

式中:R_2 为接收室的房间常数。

声能密度 ε 与有效声压 p 之间的关系是

$$\varepsilon = \frac{p^2}{\rho_0 c_0^2} \tag{4-42}$$

于是,将式(4-42)代入式(4-39),有

$$W_1 = \frac{1}{4}\frac{p_1^2}{\rho_0 c_0}S \tag{4-43}$$

式中:p_1 为发声室内的有效声压。

同时,将式(4-42)代入式(4-41),有

$$W_2 = \frac{1}{4}\frac{p_2^2}{\rho_0 c_0}R_2 \tag{4-44}$$

式中:p_2 为接收室内的有效声压。

由式(4-36),可以推导出隔声量为

$$\text{TL} = 10\lg\frac{W_1}{W_2} = L_1 - L_2 + 10\lg\frac{S}{R_2} \tag{4-45}$$

式中:L_1、L_2 分别为发声室和接收室内的声压级。

接收室内的房间常数为

$$R_2 = \frac{S_2\bar{\alpha}}{1-\bar{\alpha}} \tag{4-46}$$

当接收室壁面吸收系数很小时,房间常数可以等效为吸声量,隔声量可以进一步表示为

$$\text{TL} = L_1 - L_2 + 10\lg\frac{S}{A} \tag{4-47}$$

式(4-47)是测点都处于混响声场中而得到的。如果接收点离试件很近,则式(4-47)的

右端第三项需要修正。当发声室测点非常接近于试件表面时，接收室测点仍在混响声场之中，由于隔声试件表面的吸声系数一般比较小，可近似看成反射面，所以，靠近壁面的声压级比混响室多出 3dB，隔声量也要相应地减少 3dB。

当发声室测点在混响声场中，而接收室测点靠近试件时，试件就相当于一个声源，所以在接收室测点附近的声密度应由直达声和混响声两部分声能密度组成，同时考虑从发声室传来的声波分布在半球面之中，接收室测点的声能密度表示为

$$\varepsilon_2 = \frac{2W_2}{c_0}\left(\frac{1}{S} + \frac{4}{R_2}\right) \tag{4-48}$$

隔声量表达式就变为

$$\text{TL} = L_1 - L_2 + 10\lg\left(\frac{1}{4} + \frac{S}{R_2}\right) + 3 \tag{4-49}$$

当所有测点都靠近试件时，隔声量

$$\text{TL} = L_1 - L_2 + 10\lg\left(\frac{1}{4} + \frac{S}{R_2}\right) \tag{4-50}$$

根据隔声量的计算公式，可以知道混响室法测量构件隔声量的步骤为：① 声源室内产生稳定的声场；② 测量发声室和接收室的平均声压级；③ 测量和计算等效面积；④ 加入修正项，计算隔声量。

2. 现场测量法

现场测量法是为了测量在特殊声学条件下建筑构件（如玻璃窗）的隔声特性和判定已建成建筑（如外墙）的隔声特性。

在现场测量中发声室就是露天外，声源可按国际标准 ISO140/V(1978E)规定采用交通噪声（声音从不同方向入射，并且强度有变化），也可用扬声器发出噪声（直射声），下面仅就后者作为声源测量建筑物构件的隔声量作扼要的介绍。

将扬声器放在建筑物的外面，距测试样品有一个合适的距离。声音主要从一个方向入射到实验样品上。设指向实验样品中心的扬声器轴和实验样品表面法线间的角度为 θ，则扬声器入射的声能密度

$$\varepsilon_1 = \frac{W_1}{c_0 S\cos\theta} \tag{4-51}$$

通过实验样品的声功率

$$W_2 = \tau W_1 = \tau\varepsilon_1 c_0 S\cos\theta \tag{4-52}$$

假设接收室的测点置于混响声场中，则声能密度见式(4-41)。如果接收室的平均吸声系数比较小，则隔声量

$$\text{TL} = L_1' - L_2 + 10\lg\frac{4S\cos\theta}{A} \tag{4-53}$$

式中：L_1' 是没有试件反射效果的平均声压级；L_2 是接收室的平均声压级；S 是试件面积；A 是接收室的等效吸声量。

4.3 消 声 器

消声器是控制空气动力性噪声的有效措施之一。空气动力性噪声常见于喷气式飞机、火

箭等航空航天设备,以及通风空调、内燃发动机等工业设备。在这些空气动力设备的气流通道上或进/排气口上加装消声器,可以降低其噪声污染。消声器是一种既能允许气流顺利通过,又能有效地阻止或减弱声能向外传播的装置。

4.3.1　消声器种类及原理

消声器种类很多,根据其消声机理,可以分为 6 种主要类型:阻性消声器、抗性消声器、阻抗复合式消声器、微穿孔板消声器、小孔消声器和有源消声器。

阻性消声器就是把吸声材料固定在气流通道的内壁上或按照一定方式在管道中排列。当声波进入阻性消声器时,一部分声能在多孔材料的孔隙中摩擦而转化成热能耗散掉,使通过消声器的声波减弱。从电声类比角度看,阻性消声器就类似于纯电阻电路,吸声材料类似于电阻。阻性消声器对中高频消声效果好,对低频消声效果较差。

抗性消声器是由突变界面的管和室组合而成的。同样,从电声类比角度看,与电学滤波器相似,抗性消声器类似于一个声学滤波器,每一个带管的小室是滤波器的一个网孔,管中的空气质量相当于电感和电阻,称为声质量和声阻。小室中的空气体积相当于电容,称为声顺。每一个带管的小室都有自己的固有频率。当包含各种频率成分的声波进入第一个短管时,只有在第一个网孔固有频率附近的某些频率的声波才能通过网孔,然后到达第二个短管口;而另外一些频率的声波则不可能通过网孔,只能在小室中来回反射。因此,选取适当的管和室进行组合,就可以滤掉某些频率成分的噪声,从而达到消声的目的。抗性消声器适用于消除中、低频噪声。

把阻性结构和抗性结构按照一定的方式组合起来,就构成了阻抗复合式消声器。但是由于其结构复杂、高温氧化吸声填料、高速气流冲击吸声填料、水气渗透吸声填料等原因,很容易出现维修频繁、消声效果差、使用周期短等情况。

微穿孔消声器解决了上述问题,取得了良好的消声效果。微穿孔消声器不使用任何阻性吸声填料,采用微穿小孔多空腔结构,高压气流在消声器内经多次控流进入空腔体,逐级改变原气流的声频,使其在需要的频率范围内获得良好的消声效果。

小孔消声器是一根末端封闭的直管,管壁上钻有很多小孔。小孔消声器的原理是以喷气噪声的频谱为依据,如果保持喷口的总面积不变而用很多小喷口来代替,当气流经过小孔时,喷气噪声的频谱就会移向高频或超高频,频谱中的可听声成分明显降低,从而减少对人的干扰和伤害。

有源消声器的基本原理是在原来的声场中,利用电子设备再产生一个与原来的声压大小相等、相位相反的声波,使其在一定范围内与原来的声场相抵消。这种消声器是一套仪器装置,主要由传声器、放大器、相移装置、功率放大器和扬声器等组成。

4.3.2　评价指标

在声学领域,更多关注的是消声器的消声性能,通常有 4 个评价指标:传递损失、插入损失、减噪量和衰减量。传递损失和衰减量一般用来评价单个消声器元件,它受声源与环境影响较小(不包括气流速度的影响);而插入损失和减噪量一般用来评价整个消声系统的消声效果,会受到声源端点反射以及测量环境的影响。

1. 传递损失

传递损失表明,声波经过消声元件后声能量的衰减,即入射声功率级和透射声功率级的差值。传递损失用 R 来表示,表达如下:

$$R = 10\lg\frac{W_i}{W_t} = L_{W_i} - L_{W_t} \tag{4-54}$$

在进/排气系统中，媒体都是空气，变截面两边的声学阻抗率相等，根据声功率与声压之间的关系，传递损失可以进一步表示为声压级的形式：

$$R = L_{pi} - L_{pt} + (K_t - K_i) + 10\lg(S_i/S_t) \tag{4-55}$$

式中：L_{pi}、L_{pt}分别为入射声和透射声的声压级；K_i、K_t分别为入射声和透射声的背景噪声；S_i、S_t分别为消声器上游和下游管道截面积。

2. 插入损失

在消声系统中，装消声器以前和装消声器以后相比较，通过管口辐射噪声的声功率级之差定义为消声器的插入损失。

通常情况下，管口大小、形状和声场分布基本保持不变，这时插入损失等于在给定测点处装消声器以前与以后的声压级之差。可以在实验室内用典型的实验装置测量消声器的插入损失，也可以在现场测量消声器插入损失。

在实验室内测量插入损失一般应采用混响室法或半消声室法或管道法，这几种方法都进行装消声器以前和以后两次测量，先作空管测量，测出通过管口辐射噪声的声功率级，然后用消声器换下相应的替换管道，保持其他实验条件不变，再测出声功率级。插入损失等于前后两次测量所得声功率级之差。

现场测量消声器插入损失符合实际使用条件，但受环境、气象、测距等影响，测量结果应进行修正。

3. 减噪量

在消声器进口端面测得的平均声压级与出口端面测得的平均声压级之差称为减噪量。这种测量方法误差较大，易受环境反射、背景噪声、气象条件影响，因而实际使用较少，有时用于消声器台架相对测量比较。

4. 衰减量

消声器内部两点间的声压级的差值称为衰减量，主要用来描述消声器内声传播的特性，通常以消声器单位长度的衰减量(dB/m)来表征。

除了上述4种方法之外，有时为了定量地分析比较某些消声器的性能，也给出一些其他的评价指标。例如，消声指数，它是单位当量长度、单位当量横断面面积的消声量，即参考体积的消声量。

4.4 实验示例

4.4.1 传递函数法测量吸声系数

实验目的是掌握用传递函数法测量吸声材料(结构)法向吸声系数和法向声阻抗率的原理、仪器操作方法，以及吸声系数与声阻抗率之间的关系。

实验仪器：阻抗管、功率放大器、数据采集前端、传声器、声校准器、通用计算机。软件有PULSE数据采集分析系统，试件为吸声材料或者吸声结构两块，直径分别为29mm和99mm。

实验步骤：

(1)按照图4-11搭建阻抗管测量吸声系数和法向阻抗率的硬件系统。

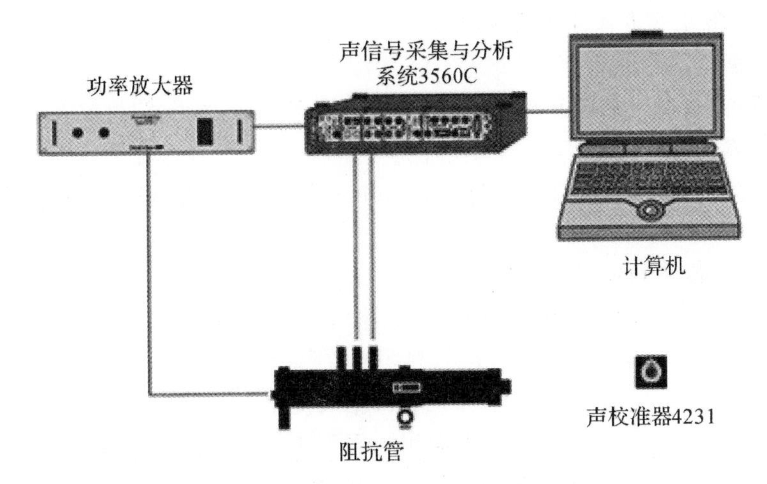

图 4-11　传递函数法测量吸声系数系统图

(2)将两个传声器插入阻抗管相应的传声器位置处，传声器 A 插入位置 1，传声器 B 插入位置 2，不用的传声器插孔用哑元封堵。

(3)将传声器 A、B 分别连接数据采集分析仪的 3、4 输入通道，数据采集分析仪的输出 1 通道与功率放大器输入端连接，功率放大器的输出端接入阻抗管的声源激励端。

(4)将功率放大器增益旋钮调至最小。

(5)依次打开计算机、功率放大器和数据采集分析仪电源。

(6)在 PULSE 分析系统软件平台，选择吸声系数测量模块，打开程序，进行相关设置：

1)在 Tube 中选择阻抗管类型，设置阻抗管参数。

2)在 measurement 栏输入测量频率范围、平均次数和 FFT 计算的线数，建议平均次数在 500 次以上，以提高信噪比。

3)设置激励源电压大小和环境参数。

4)设置测量误差容许值。

5)在 front-end 界面设置传感器类型，点击 connect signal 连接信号。

(7)使用 B&K4231 声校准器对传声器进行校准。

(8)测量信噪比，先测量未打开信号发生器时的信号，再测量信号，记录并用于后续分析信噪比。测量时，建议选择 autorange 自动定量程以避免发生过载。

(9)分别在互换传声器位置和正常传声器位置的情况下进行测量，系统自动完成传递函数的修正工作。如果在测量完成后，没有发出警告，可以继续下一步的样品测量。如果在测量时，出现了幅值误差或者相位误差超出限值，则需要返回第一步的设置栏，调大相应的限值。

(10)样品测量。在 add new measurement 中添加测量次数和样品名称，然后在 measurement control 栏中选中某样品，点击 start 进行测量。

(11)数据后处理。

1)在 average 栏按照管的类型，选择需要平均的数据，点击 average 进行平均。

2)在 extract 栏按照管的类型，从 FFT 频响测量数据中合成 $1/n$ 倍频程数据。

3)在 result 栏显示数据的图形。

4)在 combine 栏组合大、小管的测量数据。

5)在 excel 表格左下角有各个函数的结果,可以直接另存。

实验过程中需要注意的事项:

(1)尽量保证没有漏声的孔和缝,如果有可用黏合剂密封,阻抗管最好有防止外界噪声或振动传入的隔声隔振处理。

(2)每次测量时都需要进行校准,只有在 pulse 项目、传声器、驻波管不变的情况下可以跳过。

(3)在传递函数修正测量时,一般选择 autorange 自动量程。

(4)在组合大、小管实验数据时,tube low 是指大管的测量低频,tube high 是指小管的测量高频。

(5)扬声器的中心小半圆不能凹陷,如果有凹陷对测量有一定的影响。

(6)在 result 栏显示图形时,如果没有数据在图形上,则可以点击鼠标右键,选择属性,在 function 中选择 result 函数组,在组中选择要显示的函数。

本实验一共有 3 个样件(见图 4-12),每个样件重复测量 3 次,取其平均值,例如 first2 代表样件 2 第 1 次测量。利用传递函数法测量多孔材料吸声系数的实验结果见表 4-1。

图 4-12　测试样件(多孔吸声材料)

表 4-1　样件吸声系数和有效吸声起始频率测试结果

序号	垂直入射吸声系数	垂直入射平均吸声系数	无规入射吸声系数	有效吸声起始频率/Hz($\alpha \geq 0.2$)
first1	0.509 5	0.509 5	0.77	191
first2	0.509 6			
first3	0.509 4			
second1	0.402 5	0.402 4	0.65	371
second2	0.402 4			
second3	0.402 4			
third1	0.427 3	0.427 4	0.68	334
third2	0.427 5			
third3	0.427 4			

4.4.2　混响室法测量吸声系数

实验目的是掌握混响室法测量材料吸声系数的原理和方法。

实验环境为混响室,仪器设备:自由场传声器 4 个、B&K 数据采集前端、功率放大器、全指向性声源、声级校准器、通用计算机。软件有 B&K Pulse,被测试件是晴纶地毯,面积 3×4m^2,厚 2.5mm。

测试系统如图 4－13 所示。

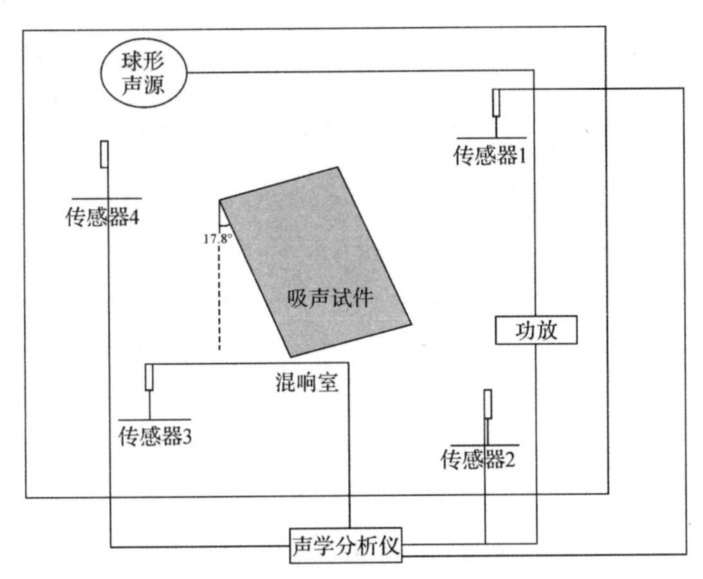

图 4－13　混响室法测量吸声系数系统图

测试步骤:

(1)按照图 4－13 所示搭建混响室法测量吸声系数的硬件系统。

(2)将功率放大器增益旋钮调至最小。

(3)依次打开计算机、功率放大器、声源和数据采集分析仪电源。

(4)打开 Pulse 混响时间测量模块,测量未放入样件时混响室的混响时间,测量 3 次,取平均值。

(5)将样件放入混响室地面中心位置,测量有吸声样件时的混响时间,同样测量 3 次,取平均值。

(6)数据记录完毕,测量混响室的几何尺寸,按 1/3 倍频程计算相应的吸声系数。

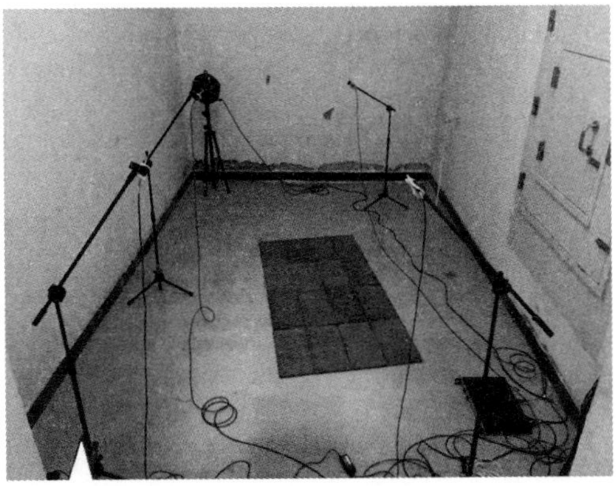

图 4－14　实验现场

实验现场如图 4－14 所示。

测试得到的空室和铺上吸声材料后的混响时间分别见表 4－2 和表 4－3。

表 4-2　空室混响时间

频率/Hz	100	125	160	200	250	315
时间/s	7.46	8.03	9.34	7.50	6.90	6.65
频率/Hz	400	500	630	800	1 000	1 250
时间/s	6.77	6.47	6.06	5.03	4.66	4.26
频率/Hz	1 600	2 000	2 500	3 150	4 000	5 000
时间/s	3.78	3.40	2.98	2.54	2.16	1.81

表 4-3　铺设吸声材料之后的混响时间

频率/Hz	100	125	160	200	250	315
时间/s	6.66	6.76	7.11	6.29	5.09	4.94
频率/Hz	400	500	630	800	1 000	1 250
时间/s	4.48	3.81	3.47	3.12	2.80	2.63
频率/Hz	1 600	2 000	2 500	3 150	4 000	5 000
时间/s	2.33	2.07	1.83	1.66	1.44	1.25

计算所测材料的吸声系数见表 4-4。

表 4-4　材料的吸声系数

频率/Hz	100	125	160	200	250	315
α_s	0.019 1	0.027 7	0.039 8	0.030 4	0.061 1	0.061 7
频率/Hz	400	500	630	800	1 000	1 250
α_s	0.089 5	0.127 8	0.145 9	0.144 2	0.168 9	0.172 4
频率/Hz	1 600	2 000	2 500	3 150	4 000	5 000
α_s	0.195 1	0.223 9	0.249 8	0.247 3	0.247 3	0.293 3

4.4.3　吸声材料水下插入损失测量

实验目的是巩固对水下结构或者材料的降噪方法的理解，并能够运用插入损失等参数描述吸声材料在水下的降噪性能。

实验环境为消声水池，实验仪器有圆柱形水声换能器（无指向性）、水听器（无指向性）、功率放大器、B&K 数据采集前端，以及数据分析软件 Pulse。

参考标准为《声学 水声材料样品插入损失、回声降低和吸声系数的测量方法》（GB/T 14369—2011）。

测试样件由四小块吸声材料组成，每一块的尺寸为 25cm×50cm，整个样件尺寸为 50cm ×100cm。

测试内容是测量样件在水下的插入损失，并利用插入损失评价其降噪性能，测量频率范围为 300Hz～30kHz。

测试原理：

(1)插入损失的计算。测量样件透射声相对应的电信号，无样件时的直达声对应的电信号，FFT 处理后得到电信号的频谱数据 $A_t(f)$、$A_i(f)$，由下式计算得到插入损失：

$$T(f) = \frac{A_t(f)}{A_i(f)} \tag{4-56}$$

$$\mathrm{IL}(f) = 20\lg \frac{1}{T(f)} \tag{4-57}$$

(2)水听器声压、声压级、灵敏度换算关系。声压量级的单位为 Pa，声压级以 dB 表示（基准值为 1μPa)，水听器的灵敏度单位一般为 dB (V/μPa)。

声压和声压级的换算关系：

$$\mathrm{SPL} = 20\lg(p_e/p_{\mathrm{ref}}) \tag{4-58}$$

式中：p_e为声压有效值；p_{ref}为参考声压，空气中一般取 2×10^{-5} Pa = 20μPa，水中一般用 1×10^{-6} Pa = 1μPa。

声压灵敏度和声压级的换算关系：设水听器的灵敏度级为 M（单位：dB)，信号端采集到的电压有效值为 U_o(单位：V)，则声压级

$$\mathrm{SPL} = 20\lg U_o - M \tag{4-59}$$

则声压

$$p = 10^{\mathrm{SPL}/20} \times p_{\mathrm{ref}} \tag{4-60}$$

或者，可将灵敏度换算成线性，$m=10^{M/20}$(单位：V/μPa)，则被测点的声压 $p=U_o/m$。当被测点距离声源满足远场条件时，声源可看作点声源，发出的球面波衰减公式为 $p_1=p_0/d$，式中 p_1 为声源处的声压，p_0 为被测点声压，d 为两者间的距离(单位：m)，根据此式即可推算出声源声压级。

测试步骤：

(1)按照图 4-15 搭建测试系统。

(2)根据《声学水声材料样品插入损失、回声降低和吸声系数的测量方法》(GB/T 14369—2011)中自由场法的 6.2.1 节中声场条件，布置换能器、水听器和样件位置，使得水听器和样件处于发射换能器的远场中，并且两个水听器分别位于样品两侧。

(3)将功率放大器增益旋钮调至最小。

(4) 依次打开计算机、功率放大器、信号发生器、数据采集和分析系统电源。

(5)打开 Pulse 测量模块，测量背景噪声，测量 3 次，取其平均值。

(6)样件放入水池前，采集与接收水听器输出的直达声相对应的电信号。

(7)样件放入水池中，保持测量系统状态和声场条件不变，采集与接收水听器输出的样件透射声相对应的电信号。

(8)重复测量两次。

(9)功率放大器增益旋钮调至最小，关闭所有电源。

(10)将水听器更换位置，重复步骤(3)～步骤(9)。

(11)数据记录完毕，FFT 处理得到背景噪声和直达、透射声信号频谱 $A_t(f)$、$A_i(f)$，分析信噪比，按式(4-56)、式(4-57)分别计算样件随频率变化的声压透射系数 $T(f)$和插入损失

IL(f)。

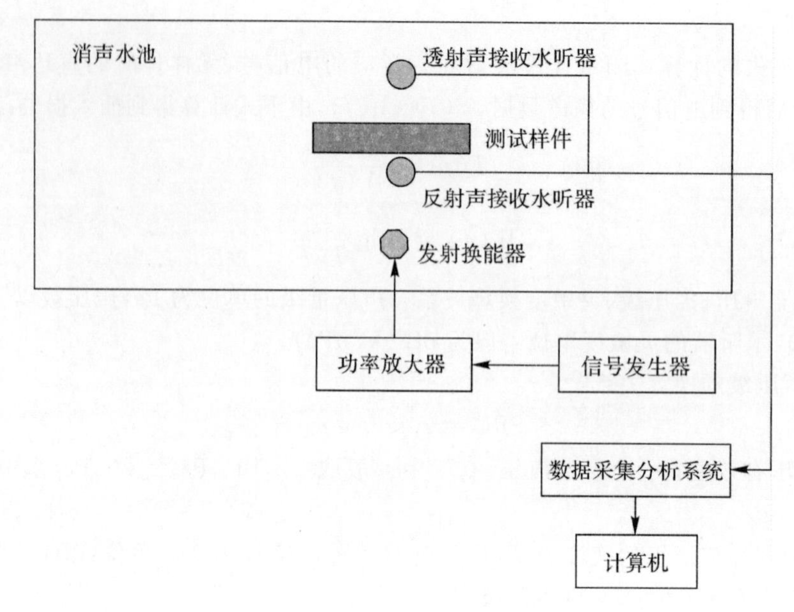

图 4-15 水下插入损失测试硬件系统

4.4.4 消声器消声性能测量

实验目的是熟悉描述消声器性能的常用参数,掌握消声器消声性能的现场测量方法。

参考标准主要有《声学 消声器测量方法》(GB/T 4760—1995),《声学 消声器现场测量》(GB/T 19512—2004),《内燃机排气消声器 测量方法》(GB/T 4759—2009)。其中《声学 消声器测量方法》(GB/T 4760—1995)规定了消声器测量方法和要求,包括实验室测量和现场测量,适用于阻性为主的管道消声器。《声学 消声器现场测量》(GB/T 19512—2004)规定了消声器现场测量方法,适用于在实际应用中的消声器测量,以进行声学分析、验收试验及评价。需要注意的是,按照该标准所得结果与对管道消声器在实验室中所得的结果不可比。

以下给出《声学 消声器现场测量》(GB/T 19512—2004)适用的范围:

(1)从声源(包括机器、设备、建筑物等,例如,燃气涡轮发电机、洗涤装置、冷却塔、暖通空调装置、排气烟囱、进风管道、武器、内燃机、压缩机等),在其声音传播路径上以整体消声器或由多个单一消声部件组合而成的消声器(例如,管道的开口处)。

(2)所有的无源消声器(阻性的、抗性的、反射型的和排气放空的消声器)。

(3)有源消声器(包括功率放大器和扬声器),有源消声器开启和关闭的声压级差相当于无源消声器的插入损失。

(4)其他能够使声音在空气或其他气体中衰减的装置(例如,安装在管道中的元件、百叶窗、格栅和导流罩等)。

(5)本标准也适用于吹洗和清扫消声器效果的测定。

(6)由于本标准不进行结构声测量,因此不适用于密闭的高压系统(例如,封闭管道中的消声器)。

实验环境选择自由场或者半自由场,例如消声室、半消声室,如果没有消声室这种专业的实验环境,也可以在空旷的室外场地。

实验仪器:单排气空气压缩机,用于空气压缩机的消声器,与消声器同样大小的管道,多功能噪声分析仪,声级校准器。

测试步骤:

(1)根据 GB/T 4759—2009 布置声测点,具体测点位置见 GB/T 4759—2009,其中 45°测量仅适用于插入损失测量,90°测量不仅可以测得插入损失,还可用于排气表面声压级和声功率级的测量。

(2)用声级校准器对每个多功能噪声分析仪进行校准标定。

(3)测量背景噪声。

(4)启动压缩机,运行 2min。

(5)测量排气管未开时的各测点声压级。

(6)测量排气管开、未安装任何管道时的各测点声压级。

(7)测量排气管开、安装与消声器相同管径、长度空管时各测点声压级。

(8)测量排气管开、将空管替换为消声器,各测点声压级。

按下式计算出插入损失:

$$\mathrm{IL} = L_{p1} - L_{p2} \tag{4-61}$$

式中:IL 是插入损失;L_{p1}、L_{p2} 分别为安装空管、消声器时的排气噪声。

实验中需要注意的事项:

(1)如果进行频谱分析,应使用中心频率 50Hz～8kHz 的倍频程或者 1/3 倍频程;读取平均值的观察时间,对于中心频率在 200Hz 及以上频率者为 10s,对于中心频率在 160Hz 及以下者为 30s。

(2)传声器在第一次校准后,如果不更换使用条件,则可以不再校准;如若校准,对于 1 型声级计,每次校准值之间的差值不能超过 0.3dB。

(3)测量时,每个测点附近不能有除一个数据记录者之外的其他人员和反射体。

(4)压缩机运行到稳定状态后开始测量。

(5)由于消声器测量与环境有关,尤其是对于抗性消声器,所以,必须在实验报告中记录好每次测量的时间、地点、周围环境、气压、气温、风速、运行时间、记录的物理量、测点位置等。

(6)测点位置风速超过 1m/s 时,应使用防风罩;超过 5m/s 时,应停止测量。

(7)每个测点测量 3 次取平均值分析,3 次测量结果之差小于 2dB。

(8)除排气噪声外,其他噪声均作为背景噪声。背景噪声级应比测量噪声至少低 6dB(最好低 10dB 以上),简易法要求低 3dB 以上。若声压级差小于 10dB,则测量噪声需要减去以下修正值:

$$K = 10\lg\left[1 - 10^{-0.1(L_p - L'_p)}\right] \tag{4-62}$$

式中:K 为修正值;L_p 和 L'_p 分别为测量噪声、背景噪声声压级。

第5章 环境噪声的测量

5.1 城市区域环境噪声测量

5.1.1 城市区域环境噪声来源及传播衰减机理

1. 噪声来源

城市区域环境噪声主要来源于工业噪声、交通噪声、建筑施工噪声和生活噪声。由于城市化建设的不断深入，工业化程度越来越高，而城市中往往有许多工厂，会产生大量工业噪声，这使得工业噪声在城市区域噪声中所占比例增大。而交通噪声和生活噪声更为普遍，是城市区域噪声的主要来源。当然，最让人不舒服的是建筑施工噪声，建筑施工意味着大型设备的使用，这往往会带来极大的噪声。下面分类简述各城市区域环境噪声源的特点。

(1)工厂噪声。不同噪声源产生的噪声有着不同的特点。工厂通常机器设备多，工艺程序复杂，从而形成的工厂噪声成分复杂，频带宽，声压级也非常大，并且工厂不间断作业，导致噪声持久，不仅给生产工人带来许多职业性疾病，而且对周围居民的身心健康影响极大。

(2)交通噪声。交通噪声是一种不稳定的噪声。在交通干线两旁，噪声级随时间变化而变化。这种噪声不仅与机动车辆的类型、数目、速度有关，还与车辆是否鸣笛、道路宽度、坡度、干湿状态、路面情况，以及风速等因素有关。交通噪声主要来自排气噪声和发动机噪声，对道路两侧的居民的干扰十分严重。

(3)建筑施工噪声。建筑施工噪声具有普遍性、突发性和不持久性。对于某一特定区域，建筑施工噪声是偶然的。但对于整座城市，建筑施工噪声又是必然的。在城市的任何区域都可能进行施工。建筑施工噪声往往是突发的，比如电钻声、敲击声以及切割声等等都是突然进行的，会给周围居民带来突然的不适。建筑施工是有一定期限的，不会一直持续下去。

(4)生活噪声。生活噪声来源广泛复杂，噪声中以中低频成分为主。生活噪声来源于文娱活动、集体聚集、人声喧哗和家用电器等。生活噪声分布面广，呈立体分布，噪声大小与人们生活习惯密切相关，可能引起社会矛盾和纠纷。生活噪声在夜间的影响比较严重，往往会严重降低人们的生活质量，恶化邻里关系，甚至造成民事纠纷。生活噪声比较隐蔽，很难被监测，执法取证困难，特别容易引起居民的不满，激化社会矛盾。生活噪声占城市噪声的40%以上，目前仍有上升趋势。

2. 噪声传播衰减机理

声波是由物质振动产生，通过媒介的振动向外辐射，这是声传播的基本要素。在声传播的过程中，声波除了会发生反射、折射、散射和衍射现象外，还会由于几何扩散、大气吸收、地面效应和声屏障等而衰减。

(1)几何扩散 。通过对复杂声源的简化,使用球形声源和柱状声源来进行理论研究,分别产生球面波和柱面波,都会在声传播的过程中由于几何扩散而造成衰减。而平面波在传播的过程中,声能量不会发生变化,在实际生活中,纯粹的平面波是不存在的,故不讨论。

1)球面波。点声源通过振动可以辐射出球面波,其波阵面是球面。在辐射声功率 W 固定且不考虑除几何扩展以外其他一切因素的情况下,随着传播距离 r 的增大,声强 I 会急剧减小,即所对应点的声波波动强度急剧减小,表示关系如下 :

$$I = \frac{W}{4\pi r^2} \tag{5-1}$$

2)柱面波。无限长圆柱(长度为 a)通过振动可以辐射出柱面波,其波阵面是柱面。在辐射声功率固定且不考虑除几何扩展以外其他一切因素的情况下,随着传播距离的增大,声强会急剧减小,即所对应点的声波波动强度急剧减小,表示关系如下:

$$I = \frac{W}{2\pi ra} \tag{5-2}$$

(2)大气吸收。声波在空气中传播,除了几何扩散导致的声能量衰减以外,大气吸收也是造成声能量衰减的主要原因之一。大气对声音具有吸收作用,尤其对频率为 2kHz 以上的声音尤为明显,所以声音传播距离越远,声能量衰减越大。大气对声波能量的吸收机理来源于传热损失、黏性损失和分子弛豫现象,这些因素导致一部分声能被转化为热能或者空气内能,从而降低了声波波动的强度。

(3)地面效应。地面效应主要是指地面不同状况对声波传播的衰减作用,例如树木、草地、洼地、雪地等对声波都有不同程度的吸收作用。

在城市区域之中,有大量由钢铁水泥建成的房屋所构成的建筑群,房屋的阻挡、反射、绕射等作用,将对声波产生影响。通常而言,建筑群对声波是衰减的,但可能存在特殊情况,由于某些建筑的反射作用,局部噪声增强。城市中也有许多绿化带、公园,这些会吸收噪声,使得噪声能量衰减。100m 宽的灌木林能对 1kHz 的噪声造成 10dB 的衰减,而对 100Hz 的噪声仅造成 5dB 衰减,对于高频噪声,灌木林的衰减作用更为明显,类似于多孔吸声材料。同时,在进入灌木林和离开灌木林的界面处,两侧阻抗不匹配,导致声波的反射,降低了声能。根据研究,声学工作者提出了许多经验公式,其中比较著名的是 1961 年美国 Hoover 给出的声衰减计算公式:

$$\Delta L_f \approx 10\left(\frac{f}{1\,000}\right)^{1/3}\left(\frac{r}{100}\right) \tag{5-3}$$

式中:f 为声波频率;r 为树林宽度。

地面效应的衰减量很大程度取决于实际的地面情况以及声源和接收者的特性。所以经验公式无法给出精确的地面衰减量,只能在一定程度上起参考作用,具体数值以实际测量为准。

(4)声屏障衰减。当噪声源与接收者之间存在障碍物时,会形成较为明显的声衰减现象,这样的障碍物称为声屏障。声屏障既可以是专门的隔声板或墙,也可以是道路两边的路坝等。由于近些年人们对生活水平的要求提高,声屏障在城市中也较为常见,成为城市噪声衰减的主要因素之一。声屏障能对声波起反射、透射和衍射作用,降低直达声的影响,减少透射声并且大量衰减衍射声。

声屏障隔声量与声屏障材料和结构、声屏障高度和厚度以及声屏障对于噪声源和接收者的相对位置有关。同时,声屏障隔声量也与声源振动的频率有关系。一般而言,声波频率越高,屏障高度越高,厚度越厚,隔声角度越大,声屏障的隔声效果越好。

5.1.2 城市区域环境噪声测量标准

城市区域环境噪声主要包括生活噪声、交通噪声、工业噪声以及建筑施工噪声。这些噪声不仅会影响城市居民的学习、工作效率,而且对居民身心健康造成威胁。为防治噪声污染、保护和改善城市居民生活环境、提高居民生活质量、促进城市生产发展和提高城市环保绿色面貌,国务院为了贯彻《中华人民共和国环境保护法》和《中华人民共和国环境噪声污染保护法》,制定了《声环境质量标准》和《声环境功能区划分技术规范》。

《声环境质量标准》(GB 3096—2008)是对《城市区域环境噪声标准》(GB 3096—1993)和《城市区域环境噪声测量方法》(GB/ T 14623—1993)的修订。该标准规定了5类声环境功能区的环境噪声限值及测量方法。对比原标准,该标准扩大了标准适用区域,将乡村地区纳入了标准适用范围;将环境质量标准与测量方法标准合并为一项标准;明确了交通干线的定义,对交通干线两侧4类区环境噪声限值作了调整;提出了声环境功能区检测和噪声敏感建筑检测的要求。该标准适用于声环境质量评价和管理。

《声环境功能区划分技术规范》(GB/T 15190—2014)是对1994年发布版本(GB/T 15190—1994)的第一次修订,用于指导声环境功能区划分工作。对比1994版,该次修订完善了声环境功能区划分的基本原则,调整了声环境功能区的划分方法,补充了部分术语、定义及区划的技术。该标准规定了声环境功能区划分的原则和方法。

1.《声环境质量标准》(GB 3096—2008)适用范围

《声环境质量标准》(GB 3096—2008)规定了5类声环境功能区的环境的噪声限值及测量方法。该标准适用声环境质量评价与管理,但不适用受飞机通过(起飞、降落、低空飞越)噪声影响的机场周围区域。

2. 声环境功能区划分及限值

根据《声环境功能区划分技术规范》(GB/T 15190—2014),声环境功能区可划分为5种类型,见表5-1。

表5-1 声环境功能区类型划分

声环境功能区类型	定义
0类	康复疗养区等特别需要安静的区域
1类	以居民住宅、医疗卫生、文化教育、科研设计、行政办公为主要功能,需要保持安静的区域
2类	以商业金融、集市贸易为主要功能,或者居住、商业、工业混杂,需要维护住宅安静的区域
3类	以工业生产、仓储物流为主要功能,需要防止工业噪声对周围环境产生严重影响的区域
4类	指交通干线两侧一定距离之内,需要防止交通噪声对周围环境产生严重影响的区域,包括4a类和4b类两种类型。4a类为高速公路、一级公路、二级公路、城市快速路、城市主干路、城市次干路、城市轨道交通(地面段)、内河航道两侧区域;4b类为铁路干线两侧区域

根据《声环境质量标准》(GB 3096—2008)，各类声功能区适用于表 5－2 规定的环境噪声等效声级限制。

表 5－2　环境噪声限值　　单位：dB(A)

声环境功能区类型		噪声限值	
		昼间	夜间
0 类		50	40
1 类		55	45
2 类		60	50
3 类		65	55
4 类	4a 类	70	55
	4b 类	70	60

5.1.3　环境噪声监测要求

1. 测量仪器

测量仪器精度为 2 型及 2 型以上的积分平均声级计或环境噪声自动监测仪器，其性能需符合《声级计的电、电性能及测试方法》(GB 3785—1983) 和《积分平均声级计》(GB/T 17181—1997) 的规定，并定期校验。测量前后使用声校准器校准测量仪器的示值偏差不得大于 0.5dB，否则测量无效。声校准器应满足《电场学　声校准器》(GB/T 15173—2010) 对 1 级或 2 级声校准器的要求。测量时传声器应加防风罩。

2. 测点选择

根据监测对象和目的，可选择以下三种测点条件（指传声器所置位置）进行环境噪声的测量：

(1)一般户外。

距离任何反射物（地面除外）至少 3.5m 外测量，距地面高度 1.5m 以上。必要时可置于高层建筑上，以扩大监测受声范围。使用监测车辆测量，传声器应固定在车顶部 1.2m 高度处。

(2)噪声敏感建筑物户外。

在噪声敏感建筑物外，距墙壁或窗户 1m 处，距地面高度 1.2m 以上。

(3)噪声敏感建筑物室内。

距离墙面和其他反射面至少 1m，距窗约 1.5m 处，距地面高度 1.2～1.5m。

3. 测量气象条件

测量应在无雨雪、无雷电天气，风速 5m/s 以下时进行。

4. 测量记录

测量记录应包括以下事项：

(1)日期、时间、地点及测定人员。

(2)使用仪器型号、编号及其校准记录。

(3)测定时间内的气象条件（风向、风速、雨雪等天气状况）。

(4)测量项目及测定结果。

(5)测量依据的标准。

(6)测点示意图。

(7)声源及运行工况说明(如交通噪声测量的交通流量等)。

(8)其他应记录的事项。

5.1.4 声环境功能区监测方法

根据《声环境质量标准》(GB 3096—2008),声环境功能区监测方法可分为定点监测法和普查监测法。定点监测法需要对能反映各类声功能区特征的1个至若干个监测点进行长期定点监测,每次测量的位置、高度应保持不变。普查监测法对0～3类声环境功能区和对4类声环境功能区的测量评价方案不同。以0～3类声环境功能区为例,普查监测法需要对测量区域进行网格的划分,网格总数应多于100个,测点应设在每一个网格的中心,测点条件为一般户外条件,监测分别在昼间工作时间和夜间22:00～24:00进行,每次每个测点测量10min的等效声级L_{eq},同时记录噪声主要来源,监测应避开节假日和非正常工作日。对噪声敏感建筑物应该按照《声环境质量标准》(GB 3096—2008)中附录C的监测方法展开测量评价。

5.1.5 实验示例

对西北工业大学南院(包括教学区和居民区,以下简称南院)进行城市区域环境噪声监测,采用普查测量方法。监测时间连续7天,布置44个测点,分别在昼间高峰期、昼间非高峰期以及夜间采集噪声数据,并依据国家标准对监测结果进行了对比分析,探讨西北工业大学南院的噪声污染情况及对应防治方案。

根据国家标准《声环境质量标准》(GB 3096—2008),选择测点均为一般户外条件,距离任何反射物(地面除外)至少3.5m处测量,距地面高度1.5m以上,必要时可置于高层建筑上,以扩大监测受声范围。噪声分析仪采用的是AWA6228型多功能噪声仪,且测量前后使用声校准器校准测量仪器的示值偏差不大于0.5dB,符合国家标准要求。测量任务都在晴朗、风速小于5m/s的正常工作日内完成。根据高峰期(7:00～9:30、17:30～20:00)时间段,每个测点分别在昼间高峰期、昼间非高峰期以及夜间(22:00～24:00)进行测量,每次测量时长为10min。

依据国家标准《声环境质量标准》(GB 3096—2008),对整个南院进行网格划分,网格大小分为20m×20m和30m×30m两种。测点布置情况如图5-1所示。具体监测数据见附录二。

根据附录二的监测数据,绘制南院教学区和居民区的昼间高峰期、昼间非高峰期和夜间的噪声云图,可以开展噪声污染分析,并提出相应的控制措施。以下以南院教学区为例,进行说明。

南院教学区在三个时段的噪声云图如图5-2～图5-4所示。分析可得:在昼间高峰期,噪声较大值位于教学区北侧的友谊西路附近,部分区域能达到61dB(A),在个别办公楼宇附近的测点由于高峰期人流量大也出现了局部的噪声污染;在昼间非高峰期,噪声较大值除了来自北侧的友谊西路外的测点,在靠近西北工业大学附中的测点也出现比较严重的噪声污染,在实验室区域的测点由于施工而导致的噪声值较大,属于突发情况;在夜间,所有区域的噪声值都比昼间的噪声级减少约10dB(A),靠近友谊西路的测点所测得的噪声值最大,最大可以接近56dB(A)。

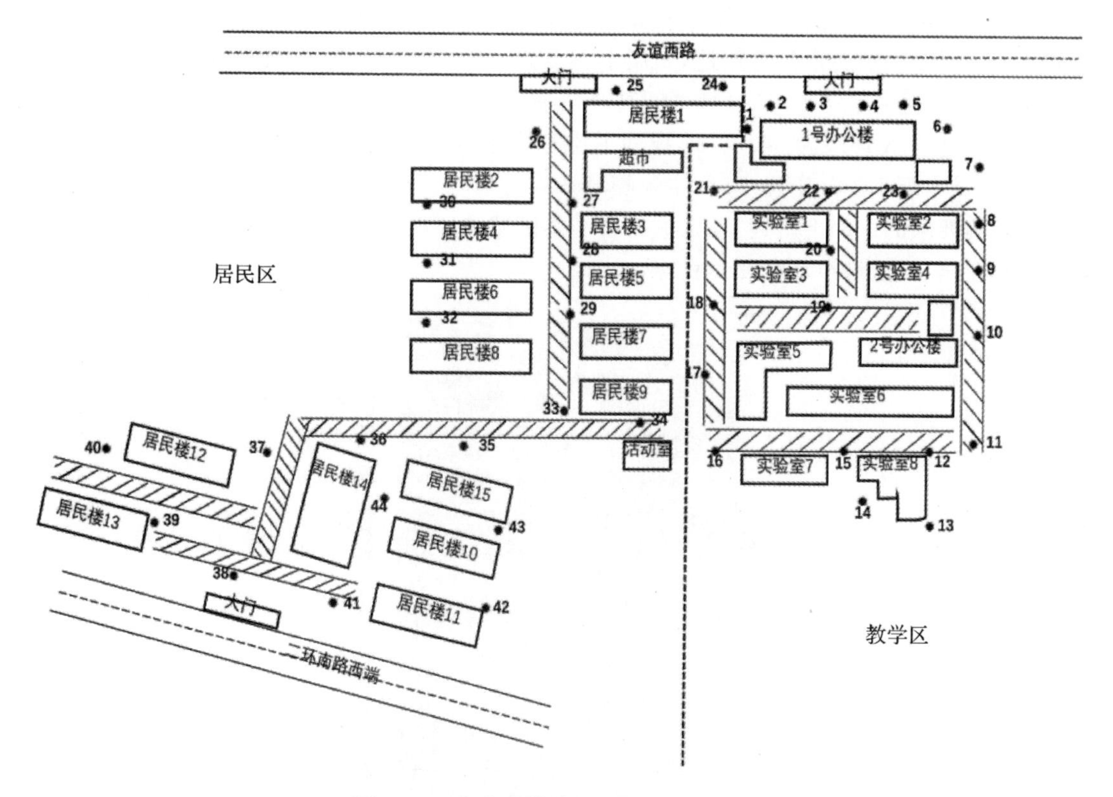

图 5-1　南院环境噪声监测测点分布图

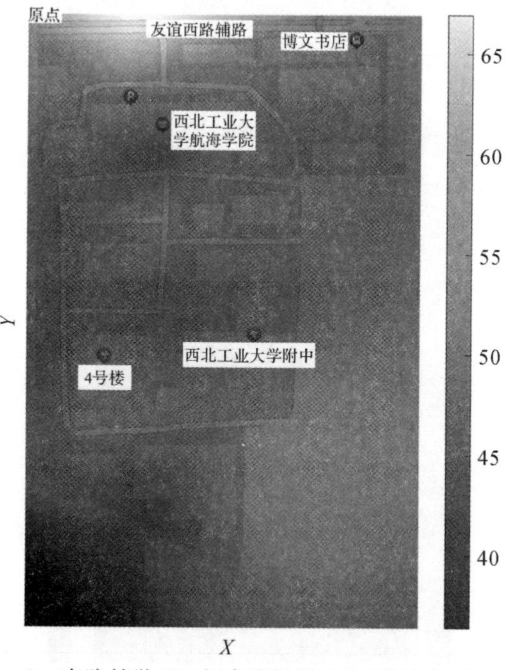

图 5-2　南院教学区昼间高峰期噪声云图[单位:dB(A)]

根据《声环境功能区划分技术规范》(GB/T 15190—2014)和《声环境质量标准》(GB 3096—2008),该区域属于教育用地,归属于一类A3类用地,昼间噪声级应小于55dB,夜间应小于45dB。根据测量结果,该区域昼间高峰期平均等效连续A声级为54.85dB,昼间日常期间平均等效连续A声级为54.38dB,夜间平均等效连续A声级为50.57dB。由于测量时鸟鸣声很大,当噪声级小于一定程度时,主要噪声来源为鸟鸣。根据实际情况,夜间数据也是满足一类声环境要求的。综上所述,该区域符合一类区域声环境的划分,且夜间最大瞬时声压级也符合国标要求,该区域声环境质量良好。

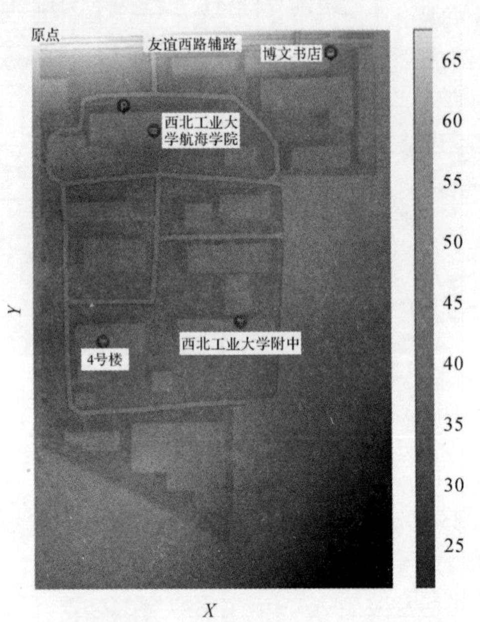

图 5-3　南院教学区昼间非高峰期噪声云图[单位:dB(A)]

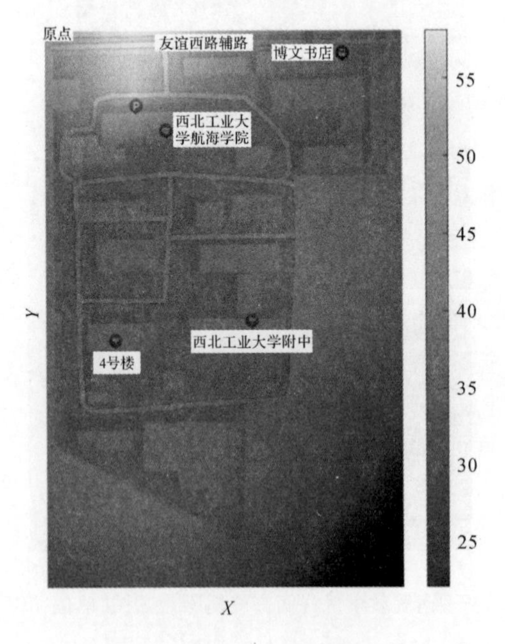

图 5-4　南院教学区夜间噪声云图[单位:dB(A)]

5.2 城市道路交通噪声测量

5.2.1 测量方法

城市道路交通噪声测量的测点应选在两路口之间的交通干线路边的人行道上，离路沿20cm处，距路口的距离应大于50m。这样该测点的噪声可以代表两路口间的该段路的噪声。

在规定时间内，测点上每隔5s读取一瞬时A声级，连续读取200个数据，同时记下车流量(辆/h)。测量结果可绘制成交通噪声污染图，并以西安市各交通干线的等效声级 $L_{eq,T}$ 和累计百分声级 L_{10}、L_{50}、L_{90} 的算术平均值和最大值及其标准偏差 σ 来表示全市的交通噪声水平，用以进行各城市之间交通噪声的比较。

全市的交通噪声的等效声级和累计统计的平均值应采用加权算术平均的方法来计算，即

$$L = \frac{1}{l}\sum_{i=1}^{n} l_i L_i \tag{5-4}$$

式中：l 为全市交通干线的总长度(单位：km)，l_i 为第 i 段干线的长度；L_i 为第 i 段干线测得的等效声级或累计百分声级。

5.2.2 实验示例

以西安友谊西路中的某段(总长1km)为例，进行说明。根据5.2.1节说明，在路沿布置20个测点，每个测点记录数据不少于200个瞬时噪声或者连续测量时间不少于16min。

参考标准：《城市区域环境噪声适用区划分技术规范》(GB/T 15190—1994)，《交通干线环境噪声排放标准》(征求意见稿)，《声学环境噪声测试方法》(GB/T 3222—1994)和《声环境质量标准》(GB 3096—2008)。

监测过程中需要注意的事项：

(1)测量之前，需要对多功能噪声分析仪进行校准。

(2)测量时必须保证信噪比大于10dB。

(3)当风速超过2m/s时，需要使用防风罩。

(4)测量时，声级计附近只能有一位读表者。

(5)测试结果报告中应包括测试路段及环境简图、测试时段、每小时车流量以及车流量特征的简单表述(大车、小车出现情况，其他干扰情况)。按表5-3记录测试数据，并计算出评价量，绘制出道路交通云图。根据声环境质量标准对该道路交通噪声进行评价。

使用等效连续声级及累计百分声级对测试的交通噪声进行评价。等效连续A声级又称等能量A计权声级，它等效于在相同的时间 T 内与不稳定噪声能量相等的连续稳定噪声的A声级。在同样的采样时间间隔下测量时，测量时段内的等效连续A声级可通过以下表达式计算：

$$L_{\mathrm{Aeq}} = 10\lg\left(\frac{1}{T}\int_0^T 10^{0.1L_{\mathrm{A}t}}\,\mathrm{d}t\right) \tag{5-5}$$

式中：$L_{\mathrm{A}t}$ 为 t 时刻的瞬时声级；T 为规定的测量时间。

表 5-3　实验数据记录表　　日期：　月　日

测量地点	测量时间	L_{Aeq}/dB	L_{10}/dB	L_{50}/dB	L_{90}/dB	车流量/(辆·h^{-1})	
						大型车	小型车

当测量是采样测量，且采样的时间间隔一定时，式(5-5)可表示为

$$L_{Aeq}=10\lg\left(\frac{1}{n}\sum_{i=1}^{n}10^{0.1L_{Ai}}\right)\tag{5-6}$$

式中：L_{Ai}为第 i 次采样测得的 A 声级；n 为采样总数。

表 5-4～表 5-7 分别为各测点的等效连续 A 声级和最大声压级。所监测路段属于西安市友谊西路一部分，又是城市主干道，即属于 4a 类。将表中 20 个测点的等效连续 A 声级数据计算得到平均值，接近国家标准中的 70dB(A)，因此，需要对其噪声污染进行治理。

表 5-4　道路路南监测数据(等效连续 A 声级)　　单位：dB(A)

测点号	1	2	3	4	5
等效连续 A 声级	71.7	70.2	68.9	69.4	70
测点号	6	7	8	9	10
等效连续 A 声级	67.3	67.2	66.9	68.4	68.1

表 5-5　道路路北监测数据(等效连续 A 声级)　　单位：dB(A)

测点号	1	2	3	4	5
等效连续 A 声级	69.2	68	69.3	69.6	68.9
测点号	6	7	8	9	10
等效连续 A 声级	68.1	67.9	68.4	68.2	72.4

表 5-6　道路路南监测数据(最大声级)　　单位：dB

测点号	1	2	3	4	5
等效连续 A 声级	90	89.9	87.1	86.8	89.3
测点号	6	7	8	9	10
等效连续 A 声级	82.3	87.9	76.6	83	85.3

表 5－7　道路路北监测数据(最大声级)　　单位:dB

测点号	1	2	3	4	5
等效连续 A 声级	87	81	86.1	91.4	84.5
测点号	6	7	8	9	10
等效连续 A 声级	82.4	82	80.7	80.7	96

5.3　常用交通工具噪声测量

5.3.1　机动车辆噪声测量

机动车辆包括各种类型的汽车、摩托车、轮式拖拉机等。机动车辆是流动声源，故影响面很广。

我国机动车辆噪声测量限值标准包括《汽车加速行驶车外噪声限值及测量方法》(GB 1495—2002),《汽车定置噪声限值》(GB 16170—1996),《摩托车和轻便摩托车加速行驶噪声限值及测量方法》(GB 16169—2005),《拖拉机　噪声限值》(GB 6376—2008)。

相应的噪声测量标准包括《声学　汽车车内噪声测量方法》(GB/T 18697—2002),《声学　机动车辆定置噪声测量方法》(GB/T 14365—1993),《声学　市区行驶条件下轿车噪声的测量》(GB/T 17250—1998),《摩托车和轻便摩托车定置噪声限值及测量方法》(GB/T 4569—2005)。

下面以汽车定置噪声为例介绍其测量方法。

1. 事前准备

所谓定置是指车辆不行驶，发动机处于空载运转状态。测量汽车定置噪声的目的在于确定机动车辆的主要噪声源(排气噪声和发动机噪声)的辐射水平，它不能表征车辆行驶的最大噪声级。

测量场地应为开阔的，由混凝土、沥青等坚硬材料构成的平坦地面，其边缘距车辆外廓至少 3m。测量场地之外的较大障碍物距传声器不得小于 3m。测量过程中，传声器位置处的背景噪声(包括风的影响)应比被测噪声低 10dB(A)以上，并保证测量不被偶然的其他声源所干扰。测量中风速超过 2m/s 时传声器应使用防风罩，同时注意阵风对测量的影响，当风速超过 5m/s 时，测量结果无效。被测车辆不载重。测量时发动机应处于正常使用温度。

声级计附近除读表者外，不应有其他人员，如不可缺少时，则必须在读表者背后。若车辆带有其他辅助设备亦是噪声源，测量时是否开动，应按正常使用情况而定。另外，测量发动机转速的仪器(转速表)准确度应优于 3%。

2. 测量方法

(1)测量状态和测量次数。

车辆应位于测量场地的中央，变速器挂空挡，拉紧手制动器，离合器接合。没有空挡位置的摩托车，其后轮应架空。发动机机罩、车窗与车门应关上，车辆的空调器及其他辅助装置应关闭。测量时，发动机出水温度及油温应符合生产厂的规定。

每类试验的每个测点重复进行试验，直到连续出现 3 个读数的变化范围在 2dB 之内为止，并取其算术平均值作为测量结果。

(2)排气噪声测量。

传声器与排气口端等高，在任何情况下距地面不得小于0.2m。传声器参考轴应与地面平行，并和通过排气口气流方向且垂直地面的平面成45°±10°的夹角。传声器朝向排气口，距排气口端0.5m，放在车辆外侧。如果车辆由于设计原因(如备胎、油箱、蓄电池等)不能满足上述要求，应画出测点图，并标注传声器选择的位置。

车辆装有两个或更多的排气管，且排气管之间的间隔不大于0.3m，并连接于一个消声器时，只需取一个测量位置。传声器应选择位于最靠近车辆外侧的那个排气管。如果两个或两个以上的排气管同时在垂直于地面的直线上，则选择离地面最高的一个排气管。装有多个排气管，并且各排气管的间隔又大于0.3m的车辆对每一个排气管都要测量，并记录下其最高声级。排气管垂直向上的车辆，传声器放置高度应与排气管口等高，传声器朝上，其参考轴应垂直地面。传声器应放在离排气管较近的车辆一侧，并距排气口端0.5m。

如生产厂家规定的额定转速为n，则发动机测量转速要求：① 汽油机车辆(除摩托车)取$(3/4)n$，±50r/min；② 柴油机车辆(除摩托车)取n，±50r/min；③ 摩托车当$n>5\ 000$r/min时，取$(1/2)n$，±50r/min，当$n<5\ 000$r/min时，取$(3/4)n$，±50r/min。测量时，发动机稳定在上述转速后，测量由稳定转速尽快减速到怠速过程的噪声，然后记录下最高声级。

(3)发动机噪声测量。

传声器放置高度距地面0.5m，并朝向车辆，放在没有驾驶员位置的车辆一侧，距车辆外廓0.5m。传声器参考轴平行地面，位于一垂直平面内，该垂直平面的位置取决于发动机的位置。对前置发动机，垂直平面通过前轴；对后置发动机，垂直平面通过后轴；对中置发动机及摩托车，垂直平面通过前后轴距的中点。

对于二轮摩托车，传声器放置在车辆前进方向的右侧。对于侧三轮摩托车，传声器放置在车辆前进方向左侧。传声器朝向车辆，距车辆外廓0.5m，距地面高度0.5m。

测量时，发动机从怠速尽可能快速地加速到规定的转速，并用一种适当的装置保持必要长的时间。测量由怠速加速到稳定转速过程的噪声，然后记录下最高声级。

(4)车内噪声噪声测量。

车内噪声测点布置依据《客车车内噪声限值及测量方法》(GB/T 25982—2010)中城市客车车内噪声测点位置来确定，如图5-5所示。

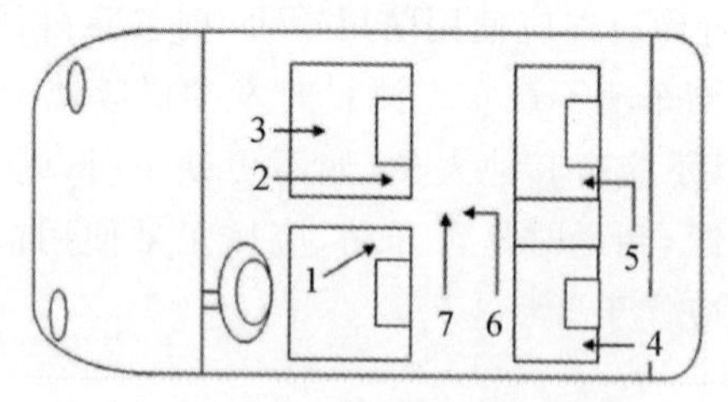

图5-5　车内传声器测点位置

1—麦克，驾驶员右耳处；2—麦克，副驾驶左耳位置；3—副驾驶处；4—麦克，左后排座位左耳处；5—麦克，右后排座位左耳处；6—麦克，后排地板处；7—麦克，车体中央顶棚处

从车辆辐射的声音只能通过道路表面反射成为车内噪声的一部分，而不能通过建筑物、墙壁或客车外的类似大型物体的反射成为车内噪声，因此，车辆与大型物体之间的距离应大

于 20m。

车外的气温必须在 5～35℃范围内，沿测量路线在约 1.2m 高度的风速不得超过 5m/s。试验道路应为硬路面，必须尽可能平滑，不得有接缝、凹凸不平或类似的表面结构。

3. 数据后处理

测量过程中，需要记录测量日期、测量地点、路面状况、风速、车辆类型及型号、整车质量、发动机型号及布置方式、发动机转速。

测量过程中，传声器位置处的背景噪声(包括风的影响)应比被测噪声低 10dB(A)以上。如果背景噪声比测量噪声低 6～10dB(A)，测量结果应减去表 5-8 的修正值，若差值小于 6dB(A)，测量无效。

表 5-8　背景噪声修正值　　单位：dB(A)

测量噪声与背景噪声差值	6～8	9～10	＞10
修正值	1.0	0.5	0

4. 实验示例

以一辆中型客车定置状态下的车内噪声测量为例，在车内布置了 4 个测点，如图 5-6 所示，分别在驾驶员耳边、乘客区前排、乘客区中间和乘客区后排。

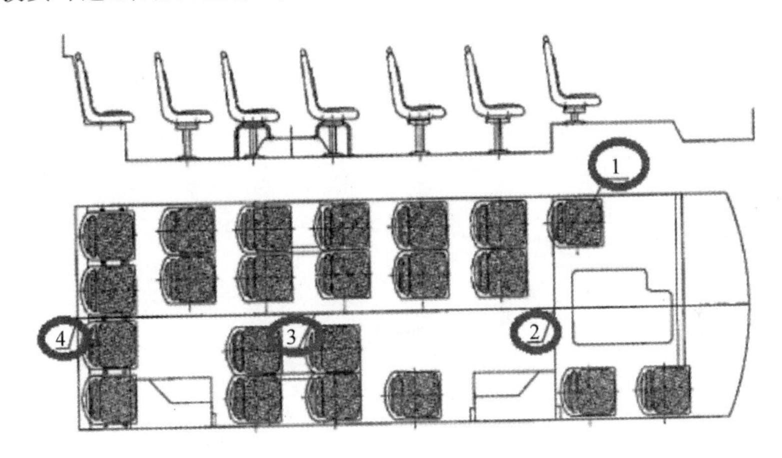

图 5-6　客车车内传声器位置

实验步骤：

(1)车辆位于测量场地的中央，发动机机罩、车窗与车门应关上，车辆的空调与其他的辅助装置关闭。

(2)连接好传声器、信号采集前端和计算机，依次打开计算机及其他仪器。

(3)校准传声器。

(4)记录背景噪声。

(5)变速器置于空挡位置，松开发动机的油门踏板，使发动机怠速空转运行 15min。

(6)记录每个测点的噪声数据。

(7)3 次重复测量，取平均值。

测量频率范围为 20Hz～6.3kHz，选用 1/3 倍频程，分别计算各频段声压级。对所有测点数据进行有效性分析和平均处理，得到各测点声压级折线图，图 5－7、图 5－8 所示分别为车内背景噪声和定置状态下噪声。其中测点 1 离发动机最近，其他测点等距分布在车内过道，测点 4 离发动机最远，靠近车尾。

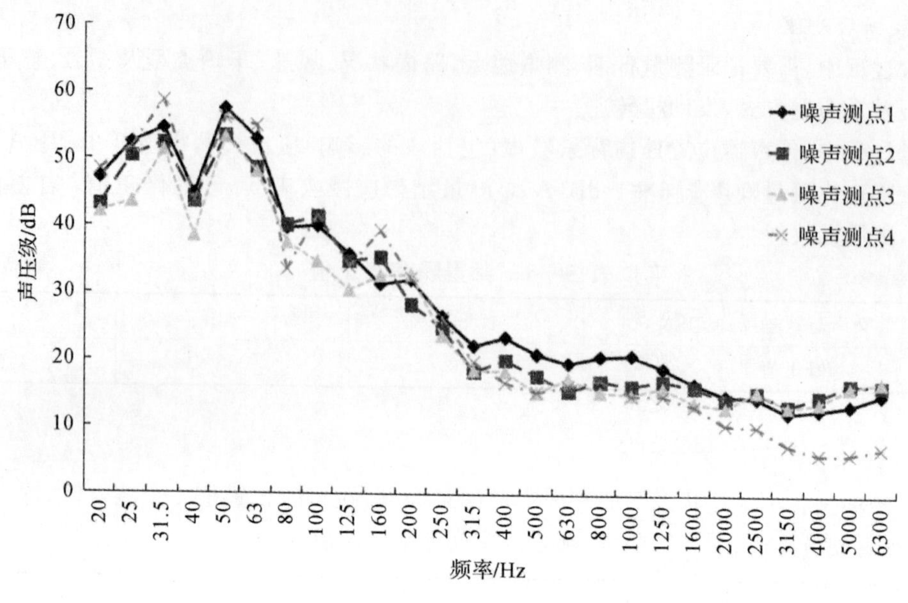

图 5－7　客车车内背景噪声

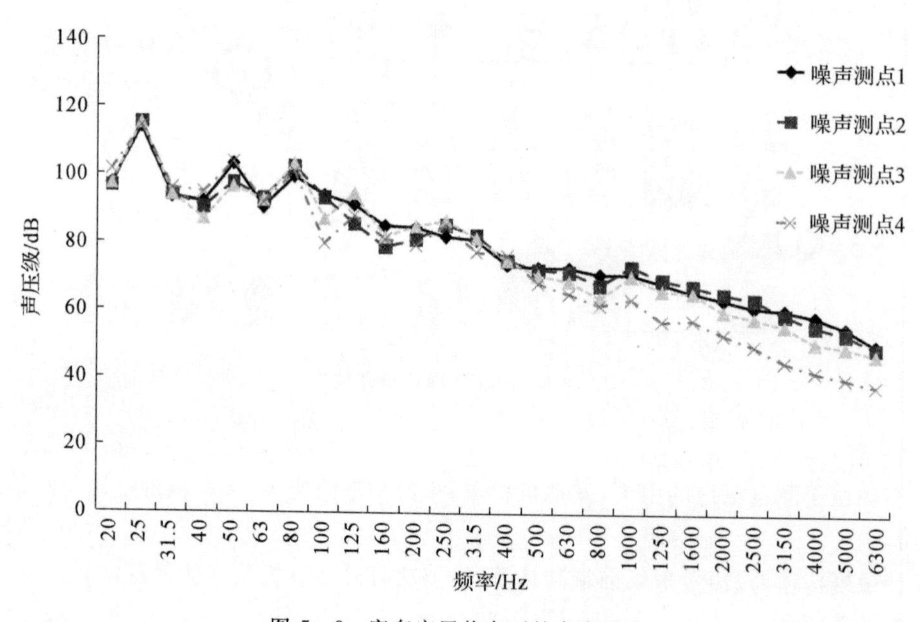

图 5－8　客车定置状态下的车内噪声

根据客车背景噪声和实际噪声测量值可知，信噪比大于 10dB，因此测量数据有效可靠。由图 5－7 可知，各测点在 25Hz 有最大值，测点 2 最大值达到 115.19dB，这个最大值出现的原因是测点 2 最靠近发动机。根据《客车车内噪声限值及测量方法》(GB/T 25982—2010)中表 1 各类客车车内噪声声压级限值，规定城市客车前置发动机乘客区噪声不得高于 86dB(A)。实验结果显示各测点在低于125Hz频率范围内的噪声水平都超过限值，高于125Hz频率范围的噪声指标基本符合限值要求。

5.3.2　铁路机车车辆噪声测量

铁路机车车辆噪声测量涉及的噪声限值标准有《铁道机车和动车组司机室噪声限值及测量方法》(GB/T 3450—2006)，《铁道客车内部噪声限值及测量方法》(GB/T 12816—2006)，《铁道机车辐射噪声限值》(GB 13669—1992)，《城市轨道交通列车噪声限值和测量方法》(GB 14892—2006)，涉及的测量标准为《声学　铁路机车车辆辐射噪声测量》(GB/T 5111—1995)。

1. 事前准备

测量现场应是地面基本平坦的开阔地带，传声器周围3倍于测量距离之内没有大的声反射体(如障碍物、小山包、石块、桥梁或建筑物等)。传声器附近不得有干扰声场的障碍物，传声器与噪声源之间不得有人，观察者应处在不影响声级计读数的位置上。

传声器与被测机车车辆之间，地面应尽可能没有声吸收覆盖物(如耕地、草地等)。在下列条件下不能测量：① 道砟冻结的寒冷天气；② 地面有雪层；③ 下雨或下雪时；④ 轨面上2m高处的风速超过8m/s。

铁路背景噪声(如其他机车车辆、工厂噪声或风声等)应至少比被测机车车辆噪声低10dB(A)。频谱分析时，各频带的上述差值也应符合这种要求。

恒速测量区段的线路应符合以下要求：① 铺有碎石道床和轨枕，轨枕下道砟的最小厚度应为0.15m，石渣应同轨枕齐平。② 轨道应为连续焊接轨，轨面应至少高出测量现场地面1.0m以上，且无擦伤、剥离、掉块等非正常缺陷。③ 车速小于120km/h，轨道曲线半径应不小于3 000m；车速等于或高于120km/h，轨道曲线半径应不小于5 000m；④ 线路坡度最大不应超过10%。定置测量的机车车辆应停放在铺有轨枕、碎石道床的轨道上，轨面应至少高出测量现场地面0.5m以上。

机车车辆条件的一般要求包括：① 动力机组处于正常的运行工作状态，符合生产厂规定；② 机车车辆除乘务员外不能载物载人，动力车辆应是正常工况下的质量；③ 测量时所有门窗应始终关闭。如正常工况需要，风扇排气装置必须完全打开。

对于恒速测量，测量前，机车车辆应至少已运行1 000km以上，并经多次常规制动，使轮轨符合常态的良好磨合条件。车轮应避免滑行擦伤踏面。该情况应在检验报告中描述。非动力货车及客车的试验编组，其列车长度应至少3倍于测量距离。机车可在不挂任何车辆的情况下进行单机测量。机车车辆运行时自动开机的辅助设备，如其噪声对传声器位置的测量值(A计权声压级或倍频带及1/3倍频带声压级)有明显影响，则应在开机条件下测量，如果这种噪声只是偶尔出现或出现时间不超过1min，或对噪声级以及每个倍频带声压级的影响小于5dB，则可不予考虑。

在测量区段，试验机车车辆应按下列规定速度(误差不超过±5%)行驶：① 机车车辆最大速度的95%，但不得超过试验线路的最大允许车速；② 客运机车和客车90km/h，货运机车和货车70km/h；③ 车速大于150km/h、小于200km/h的列车150km/h，达不到时，应在降低20km/h的速度下测量。

对于定置测量，电力机车和客车停车时能启动的所有装置，均应在开机条件下测量；正常停车运转的辅助设备应在最大负载下测量。内燃机车测量要求的工况是：① 柴油机空载，最低转速，风扇在最低转速，辅助设备相应负载，压缩机满负载；②柴油机最高转速，风扇在最高速，辅助设备额定负载，压缩机满负载。装有空调或制冷系统的非动力客车或货车，凡停车能运转的，均应在制造厂规定的最大负载下测量。

传声器布放时要求传声器应垂直指向通过轨道中心线的垂面。对恒速测量，传声器应置于距轨道中心线垂面25m，距轨面高(3.5±0.2)m处；对定置测量，传声器应置于机车车辆两侧距通过轨道中心线的垂面7.5m、距轨面高(3.5±0.2)m，并与机车车辆中心轴线相对称处。

2. 测量方法

恒速测量，应测量机车车辆通过时的最大A声级，至少要测量3次。如其中最大差值大于2dB(A)，则应继续测量，直至该差值小于或等于2dB(A)。取符合上述要求的两个最大值的算术平均值作为被测机车车辆的最大噪声级。如有明显的纯音或脉冲噪声，应在检验报告中说明。

定置测量，应读取每个测点的“快”挡A声级，以其算术平均值作为型式检验的测量结果。如声级波动大于3dB(A)，应测量至少10s或大于一个波动周期时间的等效连续A声级，并以每个传声器位置等效连续A声级的算术平均值为型式检验的测量结果。如有明显的纯音或脉冲噪声，应在检验报告中说明。

3. 数据记录

检验报告应包括以下内容：测量日期、测量者、检验性质、试验场所、轨道条件、测量仪器、背景噪声、发动机类型及其试验转速，传声器“快”挡A声级、最大A声级、等效A声级及其平均值噪声频谱。

第6章　工业产品噪声的测量

工业产品的种类很多，除交通工具外，还有诸如旋转电动机、风机、内燃机（柴油机）、压缩机、电焊机、动力泵、金属切削机床、电动工具、通风空调、家用电器及类似用途电器、信息技术和通信设备、冷却塔等。除有关通用标准[如《确定和检验机器设备规定的噪声辐射值的统计方法》（GB/T 14573.1～GB/T 14573.4—1993）、《声学　机器和设备噪声发射值的标示和验证》（GB/T 14574—2000）、《声学机器和设备发射噪声》（GB/T 17428.1～GB/T 17428.5）]外，这些机器设备都有相关的噪声限值及测量标准，比如，《声学　家用电器及类似用途器具噪声测试方法》（GB/T 4214.1～GB/T 4214.15—2000）给出了家用和类似用途电器的噪声测试方法。

在工业产品的噪声测量中，通常会关注辐射噪声的强度。工业产品的声功率与其所处的声学环境相对独立，因此一般选定声功率级作为工业产品发射噪声大小的评价量。

我国从20世纪80年代开始，先后制定了12条与测量噪声源声功率相关的国家标准，其中《声学　噪声源声功率级的测定　基础标准使用指南》（GB/T 14367—2006）和《声学　用于声功率级测定的标准声源的性能与校准要求》（GB/T 4129—2003）是关于一般测量准则和测量设备的标准，其余10项标准分为4类方法，分别是声压法、声强法、振速法和标准声源法，适用于不同测试环境和测试精度，具体见表6-1和表6-2。

如果是在自由场中，声压法需要测量表面上的时间平均声压级和测量表面面积。如果在专用混响室中，需要测量平均声压级、混响时间和测试室容积。不管是自由场法还是混响室法，最后直接从所测声压级中计算得到声功率级。

与声压法比较，声强法有如下优点：可以不必在意测试面是处于近场之内或是在其以外，都能确切地测定声功率；可以在不符合声压法测试标准的噪声场中，准确地测定声功率；在恶劣环境条件下测定声功率可达到较高的精度等级（因而可以在有负载机械噪声干扰下测定声功率级）。

从理论上讲，任何情况下、任意形状声源（或功率吸收源）辐射（或耗散）的声功率都能用声强技术测定。只要封闭曲面唯一包围被测声源（或功率吸收源），测量结果就与曲面的形状和大小选择无关，同时与曲面外是否有其他噪声源存在也无关。但实际上并非如此，声强测量伴随有许多测量误差。例如，有限差分近似估算误差、声强仪中传感器间相位不匹配而引起的声强测量误差等。声功率测量精度不仅与流体声强技术有关，还与测量曲面的形状和大小（即测点与声源距离）、声源和声场性质、环境噪声的强弱、采样时间的长短等多种因素有关，其中测量曲面形状较为重要。测量曲面应根据实际声源形状和其辐射声场特性选择。一般情况下测量曲面应相对于声源对称，其形状应与声源形状相似。

应用声强法测量声功率的方法有两种：定点式测量方法和扫描式测量方法。与此相关的国家标准在2.5.5节中提到了两个,还有一个是《声学　声强法测定噪声源的声功率级　第3部分:扫描测量精密法》(GB/T 16404.3—2006)。

另外,作为一种比较方法,标准声源法是一类重要的方法。

下面以容积性空气压缩机和家用落地风扇为例,分别利用声强法和声压法(反射面上方自由场),简单介绍小型工业产品声功率的测量方法。

表6-1　我国颁布的噪声源声功率测试标准

方法	国家标准代号	精度	主要特点	声源体积
声压法	6882—2008	精密	消声室、半消声室精密法	小于测试房间体积0.5%
	3767—1996	工程	反射面上方近似自由场的工程法	无限制,由有效测试环境限定
	3768—1996	简易	反射面上方采用包络测量表面的简易法	无限制,由有效测试环境限定
	6881.1—2002	精密	混响室精密法	小于混响室体积的1%
	6881.2—2002	工程	硬壁测试室中工程法	小于混响室体积的1%
	6881.3—2002	工程	专用混响室中工程法	小于混响室体积的1%
声强法	16404.1—1996	精密	离散点上的测量	无限制,测量表面由声源尺寸确定
	16404.2—1999	精密	扫描测量	无限制,测量表面由声源尺寸确定
标准声源法	16538—2008	简易	使用标准声源简易法	无限制
振速法	16539—1996	精密	封闭机器的测量	无限制

表6-2　声功率测量标准及相关应用场合和精度

国家标准	环境	背景噪声级	精度等级	测试量
GB/T 6881.1—2000	混响室	很低背景噪声	1级	声压
GB/T 6881.2—2000	强混响房间	低背景噪声	2级	声压
GB/T 6881.3—2000	专用测试室	低背景噪声	2级	声压
GB/T 3767—1996	现场,对环境反射有限制	低背景噪声	2级	声压
GB/T 6882—2008	消声室、半消声室	很低背景噪声	1级	声压
GB/T 3768—1996	现场,对环境反射限制较小	对背景噪声限制较小	3级	声压
GB/T 16538—2008	现场,近似混响条件	低背景噪声	2级	声压
GB/T 16404.1—1996	现场,无限制	对稳定背景噪声无应用限制	1,2和3级	法向声强
GB/T 16404.2—1999	现场,无限制	对稳定背景噪声无应用限制	2和3级	法向声强
GB/T 16539—1996	现场,无限制	对背景噪声无应用限制	2和3级	振速

6.1　空气压缩机满载状态下辐射声功率测量

1. 实验步骤

(1)将被测压缩机放置在实验室光滑地板上,并处于测量正方体底面中心位置。由于压缩机最大尺寸为48cm，因此，测量正方体尺寸取为1m×1m×1m，如图6-1所示。

(2)打开B&K3599声强探头套件，组装好声强探头，并通过专用电缆与Pulse 3560前端输入通道3、4相连。

(3)打开BK声学测量软件平台建立一个声强测量模板。

(4)激活测量模板按钮(或按F2键)之后，打开Level Meter级值计，来检测输入信号当前的大小，选择合适的量程可提高测量信噪比。

(5)在函数管理器中插入所测信号的声强谱函数，双击该函数，可观察到相应的声强谱图(未测量时无数据)。

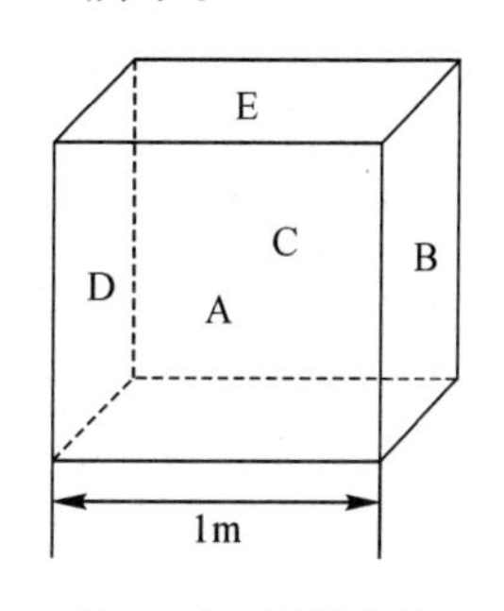

图6-1　测量表面

(6)探头校准，可用专门的声强校准器进行。

(7)模板设置及校准完成后，用声强探头对图6-1所示的5个测量表面分别进行扫描测量，每个表面连续扫描测量两次。由于声强具有方向性，因此扫描过程中要保持探头的方向一致。

(8)记录每个测量面两次测得的声强数据及声强谱图(可在谱图上右击，使用Ctrl+C拷贝及Ctrl+V粘贴)。

2. 数据后处理

(1)测量面每个面元的局部声功率的计算。根据下列公式计算每个测量面元每个频带的局部声功率：

$$W_i = \langle I_{ni} \rangle S_i \tag{6-1}$$

$$\langle I_{ni} \rangle = [\langle I_{ni}(1) \rangle + \langle I_{ni}(2) \rangle]/2 \tag{6-2}$$

式中：W_i为第i个面元的局部功率；$\langle I_{ni} \rangle$为第i个测量面元上测量的面元平均法向分量声强的均值；S_i为第i个测量面元面积；$\langle I_{ni}(1) \rangle$和$\langle I_{ni}(2) \rangle$为$i$个面元上两次扫描测得的$\langle I_{ni} \rangle$。

当i个面元的法向声强级为N(dB)时，按下式计算I_{ni}的值：

$$I_{ni} = I_0 \cdot 10^{N/10} \tag{6-3}$$

式中：$I_0 = 10^{-12}\,\mathrm{W/m^2}$。

当i个面元的法向声强级为$-N$(dB)时，则按下式计算I_{ni}的值：

$$I_{ni} = -I_0 \cdot 10^{N/10} \tag{6-4}$$

(2)噪声源声功率级的计算。按下式计算每个频带的噪声源声功率级：

$$L_{W_i} = 10\lg \left| \sum_{i=1}^{N} W_i / W_0 \right| \tag{6-5}$$

式中：N为测量面元总数；W_0为基准声功率。

计算出频带声功率级后，可按下式计算总声功率级：

$$L_W = 10\lg \left(\sum_{i=1}^{NN} 10^{0.1 L_{W_i}} \right) \tag{6-6}$$

式中：NN为频带数。

扫描测量时，要保持探头在一个水平面上，扫描速度均匀，方向一致；不要碰撞声源连线，保证声源稳定。

平均声强值、频带声功率级和总声功率级的Matlab参考程序见附录一。

6.2 落地风扇辐射声功率测量

本实验采用声压法中的自由场法，实验环境为半消声室。此方法要求声源的体积要小于测试室(半消声室)体积的0.5%，这样可以保证声源周围假设的球面或者半球面处在远辐射场中。本实验示例中的风扇噪声源部分——电机及叶面的尺寸为50cm×41cm×31mm，半消声室的大小约为5m×6m×8m，符合要求。

1. 测点分布

由于测试环境是半消声室，因此可采用反射面上方的自由场测量，测点数目应不少于10个。声测点分布在一个半径为最大薄板结构尺寸两倍的半球面上，半球面布置10个测点，测点分布示意图如图6-2所示。测点坐标与球面半径的关系见表6-3。音箱的声源中心位于测试半球在反射面(地面)投影的球心处。其中音箱最大尺寸为0.50m，那么，测量半球面的半径为1.00m。此风扇支架高度(除去风扇网格圆盘高度)为1.12m，大于半球面半径，所以风扇声源反射面处于声辐射远场中。

2. 实验步骤

(1)记录下测试环境的温度和大气压值。

(2)依次连接传声器、数据采集前端和计算机，并打开电源。

(3)记录所用传声器的灵敏度。

(4)将声传感器进行校准。

(5)按要求在实验测试前记录背景噪声。

(6)打开风扇最高挡位，工作稳定后完成第一组测点的时域信号、频域信号记录。

(7)重复测量两次。

(8)更换测点，重复步骤(6)～步骤(7)。

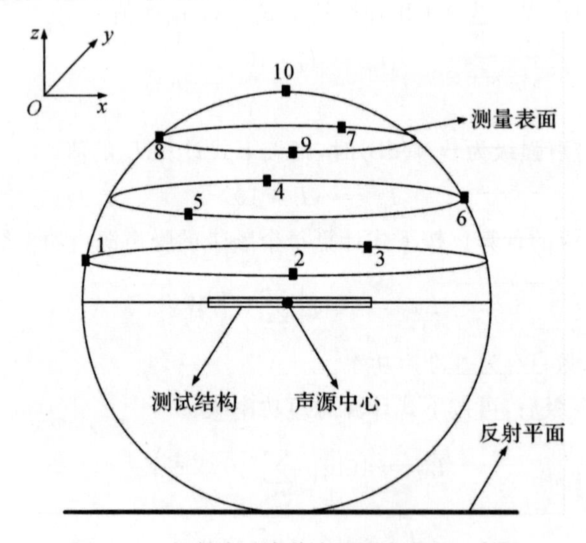

图6-2 辐射声功率传声器测点布置示意图

表 6 - 3　辐射声功率测试中传声器布置位置(以球面在反射面投影的球心为原点)

编号	x/0.50m	y/0.50m	z/0.50m
1	−1.98	0	0.3
2	0.99	−1.715	0.3
3	0.99	1.715	0.3
4	−0.89	1.542	0.9
5	−0.89	−1.542	0.9
6	1.78	0	0.9
7	0.68	1.178	1.5
8	−1.36	0	1.5
9	0.68	−1.178	1.5
10	0	0	2.0

3. 注意事项

(1)每次移动传声器时,应尽量小心,避免引起干扰测量的声噪声或者电噪声。

(2)每次测量前,都应校准传声器,且保证传声器的取向,使得声波入射角与传声器校准时相同。

(3)每次测量要保证整个系统的灵敏度不变。

(4)当测试中心频率低于或者等于 160Hz 时,观测时间至少 30s;当测试中心频率高于或者等于 200Hz 时,观测时间至少 10s。

4. 数据处理

根据背景噪声对声源工作时的声压级进行修正,修正关系见表 6 - 4。

表 6 - 4　对背景噪声声压级的修正

声源工作时测得的声压级与背景噪声声压级之差/dB	应从声源工作时测得的声压级减去的修正值/dB
6	1.3
7	1.0
8	0.8
9	0.6
10	0.4
11	0.3
12	0.3
13	0.2
14	0.2
15	0.1

在得到每个标定并且修正后的声压测试值之后，利用下式计算得到测量表面的表面声压级：

$$L_p = 10\lg\left(\frac{1}{10}\sum_{i=1}^{10} 10^{0.1L_{pi}}\right) \tag{6-7}$$

式中：L_p 是表面声压级，dB，参考值是 20μPa；L_{pi} 是第 i 点测得的并经过标定与修正后的频带声压级，dB，参考值是 20μPa。

在反射面上方的自由场中，声源声功率级按下式计算：

$$L_w = L_p + 10\lg S + C \tag{6-8}$$

式中：S 是测量半球的表面积；C 是温度和气压修正值。

当测试环境温度为 t，大气压为之 p_0 时，修正值

$$C = -10\lg\left(\sqrt{\frac{293}{273+t}\cdot\frac{p_0}{100}}\right) \tag{6-9}$$

其中只有当测试环境与 $t=20$℃，$p_0=100$kPa 有显著差别时，才需要修正温度和大气压。

附　录

附录一　参考程序

一、实验示例:声音的产生、基本特性及感知

1. 正弦波声信号产生及播放

```
Fs=44100;                          %采样频率
T=2;                               %时间长度
n=Fs*T;                            %采样点数
f=500;                             %声音频率
y=sin(2*pi*f*T*linspace(0,1,n+1));
sound(y,Fs);
```

2. 正弦波声压级、声强级、声功率级计算

```
pref=2*10^(-5);                    %参考声压
Lp=20*log10(abs(y)/pref);          %声压级
Iref=10^(-12);                     %参考声强
rol=1.29;                          %空气介质密度
c=343;                             %空气介质声速
LI=10*log10(y.^2/rol/c/Iref);      %声强级
r=0.5;                             %参考距离
Lw=Lp+10*log10(4*pi*r^2);          %声功率级
figure(1)
plot(1:n+1,y);
figure(2)
plot(1:n+1,Lp);
figure(3)
plot(1:n+1,LI);
figure(4)
```

```
plot(1:n+1,Lw);
```

3. 录制一段声音,显示时域波形图、FFT 频谱和语谱图

```
clc;
clear;
[Y,FS]=audioread('sound0_10.wav');
%Y 为读到双声道数据
%FS 为采样频率
%sound0_10 为双声道数字 0~10 的声音文件
Y1=Y(:,1);%Y 为双声道数据,取第 2 通道
t=(0:length(Y1)-1)/FS;%采样时间
f=(0:length(Y1)-1) * FS/length(Y1)/2;
n=length(Y1);
y1=fft(Y1,n);
figure(1)
plot(t,Y1);%时域波形图
grid on;
xlabel('时间')
ylabel('幅度');
figure(2)
plot(f,abs(y1));%FFT 频谱图
xlabel('频率')
ylabel('幅度');
figure(3)
specgram(Y1,2048,44100,2048,1536);%语谱图
xlabel('时间')
ylabel('频率');
%Y1 为波形数据
%FFT 帧长 2 048(在 44 100Hz 频率时约为 46ms)
%采样频率 44.1kHz
%加窗长度,一般与帧长相等
%帧重叠长度,此处取帧长的 3/4
```

二、实验示例:压缩机辐射声功率测量

1. 求各测量面法向平均声强值

```
function y=i(x)
```

```
p=1/10^12;
o=zeros(1,95);
for i=1:95
    o(i)=p*(10^(0.1*x(i)));
end
b=zeros(19,5);
for i=1:19
    for j=1:5
        b(i,j)=o(j+5*(i-1));
     end
end
y=b;
```

2. 按1/3倍频程求声功率级

```
function y=w(x)
p=1/10^12;
s=0.8*0.8;
q=zeros(1,95);
for i=1:95
    q(i)=p*(10^(0.1*x(i)))*s;
end
a=zeros(1,19);
for i=1:19
    a(i)=q(i)/p+q(i+19)/p+q(i+38)/p+q(i+57)/p+q(i+76)/p;
end
w=zeros(1,19);
for i=1:19
    w(i)=10*log10(a(i));
    end
    y=w;
```

3. 求总声功率级

```
function y=b(u)
a=0;
for i=1:19
      a=a+10^(0.1*u(i));
end
y=10*log10(a);
```

附录二　西北工业大学南院噪声监测数据

测点 1～44 昼间高峰期的噪声测量数据见表 1。

表 1　昼间高峰期噪声测量数据　　单位:dB

测点	各噪声频率下的噪声声强											
	31.5Hz	62Hz	125Hz	250Hz	500Hz	1 000Hz	2 000Hz	4 000Hz	8 000Hz	A 计权声压级	C 计权声压级	Z 计权声压级
1	63.8	63.3	55.9	52.8	51.8	54.6	52.3	49.3	44.8	58.8	66.2	70.8
2	66.7	67.2	57.0	53.0	52.4	55.3	53.1	52.5	44.9	60.0	69.1	73.7
3	66.3	66.3	60.4	56.4	54.0	55.8	53.6	56.2	45.7	61.6	69.1	71.6
4	66.5	67.6	62.0	60.6	56.8	56.7	53.5	49.7	45.6	61.3	70.3	72.3
5	67.6	66.7	58.6	56.9	55.6	54.9	51.1	47.9	43.8	59.2	69.4	72.8
6	64.9	62.4	57.0	54.6	52.9	53.3	50.2	45.3	46.3	57.6	66.2	68.9
7	61.0	57.5	51.0	48.5	47.6	48.7	46.2	44.4	34.6	53.2	61.9	69.8
8	60.7	55.9	50.4	48.1	48.3	47.1	43.3	40.5	33.1	51.4	60.8	63.8
9	61.1	56.4	51.2	49.5	50.0	49.7	46.4	49.1	41.8	55.2	61.7	64.1
10	61.5	57.2	51.0	49.1	49.0	47.6	44.4	41.7	31.1	52.2	61.8	68.2
11	64.8	61.9	53.6	59.0	55.2	52.4	47.2	42.0	31.5	57.4	66.2	68.2
12	60.2	59.5	52.6	53.0	54.2	53.9	47.5	39.0	29.6	56.8	63.2	65.0
13	61.1	57.0	50.0	50.1	53.3	51.6	46.1	42.8	38.0	55.2	62.1	65.0
14	56.8	51.4	46.2	44.5	45.1	43.9	41.4	41.4	34.5	49.2	56.8	60.2
15	67.9	65.7	64.9	54.5	50.9	52.8	48.9	45.8	36.2	57.1	69.7	71.4
16	59.3	66.0	55.9	48.0	45.9	46.3	48.5	48.1	42.9	54.5	66.2	67.5
17	62.9	56.4	49.6	44.7	43.7	42.5	39.2	41.2	35.4	48.2	61.8	70.6
18	59.9	55.6	49.5	48.0	44.8	42.5	41.5	44.3	36.1	50.0	60.8	71.8
19	57.2	55.8	49.2	46.4	46.5	45.6	42.0	39.8	33.2	50.0	59.3	67.8
20	63.6	62.3	63.7	53.4	53.8	54.0	49.3	46.0	39.3	57.8	67.4	68.8
21	59.1	54.7	50.7	46.2	48.1	49.0	45.7	40.1	31.8	52.4	59.9	62.7
22	62.0	54.8	49.2	45.6	45.3	44.2	39.8	37.4	17.3	48.4	60.8	63.7
23	61.7	61.0	59.5	52.2	48.5	47.6	47.3	45.6	38.0	54.1	64.6	66.4
24	66.0	68.2	57.9	54.1	53.4	56.7	54.9	49.9	45.4	60.8	69.6	71.7
25	70.0	67.3	58.0	54.7	55.1	57.1	55.0	49.6	42.6	61.1	70.5	72.7
26	65.1	66.0	58.7	56.0	53.7	55.5	52.5	47.0	41.5	59.3	68.1	70.4
27	69.5	67.8	61.2	56.1	55.0	55.2	50.6	45.6	40.5	58.9	70.9	75.4
28	63.6	58.8	52.4	52.1	53.4	52.7	48.4	46.0	39.7	56.7	63.9	67.2

续表

测点	各噪声频率下的噪声声强											
	31.5Hz	62Hz	125Hz	250Hz	500Hz	1 000Hz	2 000Hz	4 000Hz	8 000Hz	A计权声压级	C计权声压级	Z计权声压级
29	59.6	55.4	49.6	48.9	48.8	48.2	44.3	40.0	31.6	52.2	60.1	62.9
30	56.2	52.9	46.1	45.9	46.3	44.3	39.8	37.4	31.2	48.8	57.2	60.3
31	54.9	52.9	45.7	42.5	42.7	41.8	38.1	34.8	26.4	46.0	56.0	59.7
32	56.4	53.0	48.0	43.1	43.1	42.1	38.2	39.6	28.8	47.1	57.0	60.1
33	64.6	59.6	53.9	52.2	51.0	51.0	46.3	45.0	44.2	55.2	64.5	68.8
34	54.6	53.5	48.3	45.8	45.5	45.1	40.7	39.3	30.4	49.2	57.6	66.8
35	60.9	58.8	56.8	50.5	50.3	50.7	46.4	42.8	36.1	54.5	63.1	65.3
36	65.9	60.1	53.0	49.8	50.5	49.9	45.5	43.1	36.6	53.9	65.3	73.5
37	69.3	67.4	58.8	55.2	54.4	56.4	52.1	46.1	36.8	59.6	70.3	75.6
38	73.2	71.7	62.7	59.2	58.1	61.1	57.4	49.0	40.4	64.2	74.3	76.7
39	70.4	69.6	60.9	55.4	54.1	58.0	54.9	47.1	37.5	61.2	71.9	73.8
40	66.3	64.7	55.8	52.5	50.1	53.0	48.8	43.7	34.2	56.2	67.2	69.7
41	72.0	69.8	61.9	56.7	55.3	57.9	53.8	47.2	41.0	61.0	72.5	74.7
42	67.2	64.3	56.8	52.3	51.9	52.7	48.4	44.4	40.0	56.3	67.4	69.6
43	61.8	61.3	53.5	50.0	48.5	49.4	45.1	42.9	39.6	53.4	63.6	65.6
44	63.8	63.1	56.1	51.2	50.0	51.7	46.3	44.0	41.3	55.1	65.5	67.6

测点1～44昼间非高峰期噪声测量数据见表2。

表2　昼间非高峰期噪声测量数据　　单位:dB

测点	各噪声频率下的噪声声强											
	31.5Hz	62Hz	125Hz	250Hz	500Hz	1 000Hz	2 000Hz	4 000Hz	8 000Hz	A计权声压级	C计权声压级	Z计权声压级
1	72.6	67.2	58.3	54.9	55.1	56.5	53.1	50.7	47.7	60.6	73.3	84.7
2	72.7	67.6	60.7	56.9	53.1	54.9	52.6	49.7	46.7	59.5	73.1	83.1
3	65.3	66.4	58.8	55.3	54.1	55.6	52.8	51.5	44.7	60.1	68.6	72.0
4	64.5	65.9	59.4	58.4	56.3	55.9	56.6	53.9	44.5	62.2	68.7	70.7
5	64.7	64.6	58.7	54.1	52.6	52.8	49.8	46.6	43.4	57.3	67.4	73.1
6	63.0	65.4	62.7	55.7	53.8	54.2	51.7	49.8	46.4	59.2	68.2	70.8
7	60.1	59.8	52.8	48.0	48.5	48.4	45.7	44.1	34.0	53.1	62.5	68.7
8	59.4	56.7	50.9	50.8	54.9	55.3	49.6	44.3	39.5	58.2	62.7	67.3
9	61.2	58.0	51.8	50.9	53.0	53.7	51.0	44.0	34.7	57.4	63.5	71.8

续表

测点	各噪声频率下的噪声声强											
	31.5Hz	62Hz	125Hz	250Hz	500Hz	1 000Hz	2 000Hz	4 000Hz	8 000Hz	A计权声压级	C计权声压级	Z计权声压级
10	56.9	54.0	49.6	47.3	48.0	49.0	45.8	41.3	34.4	52.7	59.1	66.4
11	57.5	54.5	51.2	44.7	43.9	43.5	40.5	38.2	31.4	48.1	59.0	69.4
12	59.5	60.1	56.9	52.3	51.3	48.9	46.3	43.5	36.2	54.2	63.3	66.4
13	56.6	55.2	46.7	47.3	48.0	45.7	39.8	40.2	30.9	50.1	58.8	67.0
14	56.3	53.0	50.2	47.2	49.8	49.1	53.6	55.4	50.2	60.0	61.2	67.1
15	63.4	61.6	55.5	51.7	49.8	47.0	45.8	46.0	38.0	53.7	65.6	76.6
16	56.9	54.0	48.1	46.6	46.7	45.8	43.8	46.4	40.7	52.2	59.1	68.8
17	57.4	52.6	46.4	43.7	42.7	41.8	38.5	39.2	31.2	47.0	58.3	71.9
18	69.9	63.4	53.5	47.5	46.5	46.2	43.9	45.5	41.4	52.3	70.3	82.6
19	71.0	62.9	53.0	47.4	46.0	44.8	41.0	41.4	35.8	50.1	71.1	54.8
20	64.3	57.8	52.5	47.6	46.2	45.3	45.0	44.2	35.6	51.6	63.3	69.9
21	64.5	57.8	49.6	45.7	45.1	45.2	40.7	41.0	33.8	49.5	65.1	78.4
22	56.8	54.0	48.0	44.4	44.1	43.6	39.1	42.5	37.8	49.0	58.3	67.2
23	67.1	59.4	57.6	50.3	50.1	47.6	44.1	40.6	33.7	52.7	67.7	80.1
24	68.0	67.7	59.2	56.2	55.1	57.0	55.5	50.1	42.0	61.3	70.1	72.8
25	73.5	70.9	63.0	56.6	56.2	59.0	55.9	50.3	42.7	62.5	74.2	78.4
26	66.3	65.6	61.3	64.7	64.3	62.7	57.9	52.5	46.9	66.7	71.7	74.8
27	62.7	61.9	54.6	53.2	53.7	53.2	49.4	45.2	40.1	57.2	64.9	67.5
28	60.7	60.3	55.1	53.6	55.2	56.2	51.1	46.5	41.7	59.3	64.5	66.5
29	62.4	59.6	53.4	50.6	50.1	49.3	49.3	49.6	47.7	56.5	63.4	66.1
30	60.8	58.9	50.9	47.5	45.9	45.1	43.0	44.2	39.3	51.2	62.0	68.3
31	53.4	56.7	48.9	47.4	49.2	47.0	42.5	44.6	39.6	52.2	58.8	61.3
32	53.7	56.4	49.5	47.4	46.0	44.9	41.3	42.3	39.3	50.3	58.4	62.7
33	59.1	58.3	50.4	49.2	51.6	49.7	46.5	44.4	35.7	54.4	61.5	65.3
34	60.5	56.9	50.2	47.8	49.3	47.5	47.2	51.2	41.3	55.7	62.4	70.3
35	57.3	57.1	49.7	48.2	49.6	49.8	44.8	42.9	37.9	53.4	60.2	63.1
36	58.7	58.2	50.2	49.6	52.6	51.2	43.9	41.6	37.4	54.6	61.5	64.4
37	67.0	66.9	58.7	55.1	54.7	56.7	51.6	43.9	36.2	59.5	69.2	72.5
38	71.5	69.7	61.6	58.0	57.1	60.2	55.9	47.7	38.2	63.0	72.6	75.0
39	68.6	69.3	60.2	55.1	54.3	58.0	54.6	47.5	37.2	61.1	71.0	73.5
40	65.0	63.9	54.5	50.3	50.3	54.2	48.5	41.3	33.3	56.5	66.3	68.8
41	72.4	69.9	60.0	56.7	56.5	60.0	55.3	45.4	36.6	62.5	73.3	81.3
42	65.0	63.4	55.7	52.2	50.9	54.1	49.6	44.0	35.4	57.0	66.2	70.6
43	61.5	60.2	54.0	50.2	50.6	51.1	46.2	46.8	42.3	55.3	63.6	70.4
44	62.9	62.8	54.5	51.1	50.4	52.2	53.8	49.5	40.6	58.2	65.5	70.0

测点 1～44 夜间噪声测量数据见表 3。

表 3　夜间噪声测量数据　　单位:dB

测点	各噪声频率下的噪声声强											
	31.5Hz	62Hz	125Hz	250Hz	500Hz	1 000Hz	2 000Hz	4 000Hz	8 000Hz	A 计权声压级	C 计权声压级	Z 计权声压级
1	64.1	61.4	53.6	50.7	48.7	51.1	47.4	39.7	30.2	54.3	64.6	67.0
2	63.2	62.5	51.7	48.6	49.3	52.6	49.4	40.7	30.2	55.6	64.7	67.1
3	65.7	64.6	58.0	52.7	52.0	53.6	50.8	43.8	35.7	57.3	67.3	69.5
4	64.9	65.1	56.1	53.2	51.5	53.4	50.2	43.3	36.7	56.9	67.1	69.2
5	64.2	62.5	51.9	48.7	49.4	50.4	46.9	40.1	34.4	53.9	65.0	67.6
6	61.8	61.4	52.0	48.7	47.2	48.5	45.4	40.3	32.3	52.4	63.5	66.1
7	59.7	58.3	48.9	45.8	47.9	46.3	40.9	33.8	28.5	49.9	61.0	63.9
8	60.5	58.9	47.6	44.8	44.2	44.4	40.7	34.8	32.9	48.3	61.1	63.5
9	60.0	56.6	50.0	45.9	44.1	45.0	41.0	35.5	47.7	50.6	60.4	62.8
10	57.6	54.2	48.5	45.4	44.9	45.1	45.9	42.5	31.0	51.1	58.4	60.9
11	54.3	54.1	46.4	42.7	41.4	42.2	35.7	29.6	25.0	45.1	56.3	58.8
12	54.3	53.1	45.8	43.2	41.9	42.5	35.4	28.4	24.0	45.3	55.9	58.6
13	54.3	50.9	43.5	45.6	42.6	41.2	35.8	30.7	26.9	45.3	55.2	58.9
14	54.5	56.9	52.8	48.0	45.5	44.4	40.4	41.6	39.4	49.8	59.2	60.9
15	58.7	58.2	51.7	48.0	44.7	43.6	38.7	41.5	39.3	49.2	60.9	65.4
16	58.6	57.9	52.4	47.2	44.6	43.6	39.0	41.6	39.5	49.2	60.5	64.1
17	55.9	56.5	48.8	46.9	44.3	43.4	38.8	41.4	39.3	48.8	58.4	60.6
18.0	54.8	57.1	51.8	48.3	45.8	44.1	39.7	41.5	39.3	49.7	59.2	61.5
19	57.7	57.4	50.4	47.5	44.7	43.9	39.4	41.8	39.7	49.4	59.7	62.2
20	54.5	57.8	52.1	49.3	46.4	44.4	39.8	41.5	39.4	50.0	59.6	61.3
21	58.6	57.8	51.4	48.8	47.1	45.9	41.0	41.5	39.3	50.7	60.4	62.7
22	54.5	57.5	49.3	47.3	45.3	44.8	39.3	41.3	39.2	49.5	58.9	60.9
23	60.2	62.1	52.8	49.2	46.7	45.6	41.6	42.3	39.7	50.9	63.3	64.9
24	68.5	67.5	55.9	53.3	52.4	54.9	53.3	49.2	39.7	59.2	69.8	72.5
25	66.1	66.4	40.0	55.1	53.7	55.3	53.3	48.1	40.2	59.5	48.7	70.5
26	64.2	62.4	53.7	51.8	51.6	53.0	49.7	44.3	37.1	56.5	65.4	67.5
27	61.3	61.2	52.0	49.4	47.9	48.6	44.5	43.0	36.7	52.6	63.2	65.3
28	64.5	60.7	53.1	49.6	47.7	47.8	43.9	43.2	38.1	52.2	64.3	67.2
29	58.3	58.0	49.9	48.5	47.2	45.9	43.3	42.3	37.0	51.0	60.3	62.5
30	53.5	56.9	49.2	47.1	44.5	44.0	39.1	41.3	35.9	48.8	58.3	60.2
31	53.9	57.0	49.0	47.1	44.3	43.3	38.7	41.2	35.8	48.5	58.3	60.2

续表

测点	各噪声频率下的噪声声强											
	31.5Hz	62Hz	125Hz	250Hz	500Hz	1 000Hz	2 000Hz	4 000Hz	8 000Hz	A计权声压级	C计权声压级	Z计权声压级
32	54.6	57.4	51.9	47.9	45.3	47.0	42.8	44.0	36.3	51.4	59.5	61.3
33	72.4	68.7	64.2	53.9	49.9	48.7	44.5	42.9	40.2	54.4	72.5	77.5
34	58.2	58.9	52.8	49.5	48.6	47.9	48.3	55.2	52.3	58.7	62.3	65.8
35	59.0	59.0	51.2	48.9	47.1	47.1	42.7	42.2	39.6	51.5	61.3	63.7
36	58.1	58.5	50.4	48.9	47.3	47.9	42.8	41.5	39.6	51.8	60.7	63.5
37	66.6	67.3	56.3	53.8	53.0	56.1	51.2	44.1	39.5	58.8	69.1	71.5
38	67.9	68.4	59.5	57.4	56.0	59.1	55.4	47.8	40.8	62.2	70.5	72.3
39	67.6	69.4	60.4	55.5	53.7	57.5	54.1	46.5	40.6	60.6	70.8	72.4
40	63.9	64.4	53.5	51.2	49.9	53.6	48.4	41.8	38.9	56.2	66.0	68.1
41	67.5	68.8	60.6	58.5	56.0	58.9	55.0	46.6	40.1	61.9	70.8	72.5
42	62.6	62.7	55.0	51.7	50.1	53.2	48.4	42.4	39.1	56.1	64.9	66.6
43	59.0	60.7	52.5	48.9	47.0	48.8	43.5	41.4	39.1	52.2	62.3	64.1
44	62.9	63.1	54.9	51.2	48.9	51.9	46.8	43.6	41.6	55.0	65.5	68.5

参考文献

[1] 杜功焕,朱哲民,龚秀芬. 声学基础. 南京:南京大学出版社,2001.
[2] 马大猷. 噪声与振动控制工程手册. 北京:机械工业出版社,2002.
[3] 林达悃. 影视录音电声学. 北京:中国广播电视出版社,2005.
[4] 陈克安,曾向阳,杨有粮. 声学测量. 北京:机械工业出版社,2010.
[5] 李耀中. 噪声控制技术. 北京:化学工业出版社,2001.
[6] 郭挺祥,张伦. 噪声测量技术. 北京:人民邮电出版社,1984.
[7] 章句才. 工业噪声测量指南. 北京:中国计量出版社,1984.
[8] 郭庆,黄新,陈尚松. 电子测量与仪器. 北京:电子工业出版社,2020.
[9] 孟倩玲. 探究城市噪声污染的危害及其控制. 环境与可持续发展,2016,41(6):103-104.
[10] 庄世坚. 城市环境噪声测量中布点数的优化研究. 环境科学学报,1988(1):20-26.